環境計量士（濃度関係）

国家試験問題 解答と解説

2. 環化・環濃 $\left(\begin{array}{l}\text{環境計量に関する基礎知識／}\\\text{化学分析概論及び濃度の計量}\end{array}\right)$

（第71回〜第73回）

一般社団法人 日本計量振興協会 編

コロナ社

計量士をめざす方々へ

（序にかえて）

　近年，社会情勢や経済事情の変革にともなって産業技術の高度化が急速に進展し，有能な計量士の有資格者を求める企業が多くなっております。

　しかし，計量士の国家試験はたいへんむずかしく，なかなか合格できないと嘆いている方が多いようです。

　本書は，計量士の資格を取得しようとする方々のために，最も能率的な勉強ができるよう，この国家試験に精通した専門家の方々に執筆をお願いして編集しました。

　内容として，専門科目あるいは共通科目ごとにまとめてありますので，どの分野からどんな問題が何問ぐらい出ているかを研究してみてください。そして，本書に沿って，問題を解いてみてはいかがでしょう。何回か繰り返し演習を行うことにより，かなり実力がつくといわれています。

　もちろん，この解説だけでは納得がいかない場合もあるかもしれません。そのときは適切な参考書を求めて，その部分を勉強してください。

　そして，実際の試験場では，どの問題が得意な分野なのか，本書によって見当がつくわけですから，その得意なところから始めると良いでしょう。なお，解答時間は，1問当り3分たらずであることに注意してください。

　さあ，本書なら，どこでも勉強できます。本書を友として，ぜひとも合格の栄冠を勝ち取ってください。

2023年9月

一般社団法人　日本計量振興協会

目　　次

1.　環境計量に関する基礎知識（化学）　環 化

2.　化学分析概論及び濃度の計量　環 濃

本書は，第 71 回（令和 2 年 12 月実施）～第 73 回（令和 4 年 12 月実施）の問題をそのまま収録し，その問題に解説を施したもので，当時の法律に基づいて編集されております。したがいまして，その後の法律改正での変更（例えば，省庁などの呼称変更，法律の条文・政省令などの変更）には対応しておりませんのでご了承下さい。

1. 環境計量に関する基礎知識（化学）

環　化

1.1　第71回（令和2年12月実施）

--- 問 1 ---

環境基本法第2条第2項に規定する「地球環境保全」に関する記述の（ア）～（オ）に入る語句のうち，誤っているものを一つ選べ。

2　この法律において「地球環境保全」とは，人の活動による地球全体の温暖化又は ［ア］ の進行，［イ］，［ウ］ その他の地球の全体又はその広範な部分の環境に影響を及ぼす事態に係る環境の保全であって，［エ］ に貢献するとともに ［オ］ に寄与するものをいう。

1　（ア）オゾン層の破壊

2　（イ）海洋の汚染

3　（ウ）野生生物の種の減少

4　（エ）国民の福祉

5　（オ）国民の健康で文化的な生活の確保

［題　意］ 環境基本法第2条第2項の規定内容について問う。

［解　説］ 環境基本法第2条第2項には，「この法律において「地球環境保全」とは，人の活動による地球全体の温暖化又は (ア) オゾン層の破壊の進行，(イ) 海洋の汚染，(ウ) 野生生物の種の減少その他の地球の全体又はその広範な部分の環境に影響を及ぼす事態に係る環境の保全であって，(エ) 人類の福祉に貢献するとともに (オ) 国民の健康で文化的な生活の確保に寄与するものをいう。」と，「地球環境保全」の定義が規定されている。

よって，（エ）の空欄に入る，**4**の国民の福祉の記述が誤っている。

［正　解］ 4

---- **問 2** ----

大気汚染防止法第 2 条第 16 項の「自動車排出ガス」について，大気汚染防止法施行令第 4 条で定める物質に該当しないものを，次の中から一つ選べ。

1　二酸化炭素

2　炭化水素

3　鉛化合物

4　窒素酸化物

5　粒子状物質

［題　意］　大気汚染防止法施行令第 4 条の自動車排出ガスの物質名について問う。

［解　説］　大気汚染防止法施行令第 4 条に，大気汚染防止法第 2 条第 17 項の政令で定める自動車排出ガスの物質として，一酸化炭素，炭化水素，鉛化合物，窒素酸化物および粒子状物質の 5 種類の物質が規定されている。よって，**1** の二酸化炭素は該当しない。（なお，「大気汚染防止法の一部を改正する法律」が令和 2 年 6 月 5 日に公布されたことを受けて，問題文の「大気汚染防止法第 2 条第 16 項」は「第 2 条第 17 項」に改正された）

［正　解］ 1

---- **問 3** ----

大気汚染防止法で定める一般粉じんの規制に関する記述として，誤っているものを，次の中から一つ選べ。

1　一般粉じん発生施設を設置しようとする者は，環境省令で定めるところにより，都道府県知事に届け出なければならない。

2　一般粉じん発生施設の設置に係る届出には，一般粉じん発生施設の配置図その他の環境省令で定める書類を添附しなければならない。

3　一般粉じん発生施設の設置に係る届出をした者は，その届出に係る一般

粉じん発生施設の構造及び一般粉じん発生施設の使用及び管理の方法に掲げる事項の変更をしようとするときは，環境省令で定めるところにより，その旨を都道府県知事に届け出なければならない。

4　一般粉じん発生施設を設置している者は，当該一般粉じん発生施設について，環境省令で定める構造並びに使用及び管理に関する基準を遵守しなければならない。

5　一般粉じん排出者は，環境省令で定めるところにより，その工場又は事業場の敷地の境界線における大気中の一般粉じんの濃度を測定し，その結果を記録しておかなければならない。

[題　意]　大気汚染防止法第18条，第18条の2および第18条の3の規定内容について問う。

[解　説]　大気汚染防止法第18条（一般粉じん発生施設の設置等の届出）に，「一般粉じん発生施設を設置しようとする者は，環境省令で定めるところにより，① 氏名又は名称及び住所並びに法人にあつては，その代表者の氏名，② 工場又は事業場の名称及び所在地，③ 一般粉じん発生施設の種類，④ 一般粉じん発生施設の構造及び⑤ 一般粉じん発生施設の使用及び管理の方法，を都道府県知事に届け出なければならない」（同条第1項）と規定されている。よって，**1**の記述内容は正しい。

また，「前項の規定による届出には，一般粉じん発生施設の配置図その他の環境省令で定める書類を添附しなければならない」（同条第2項）と規定されている。よって，**2**の記述内容は正しい。

第18条の2（経過措置）に，「一の施設が一般粉じん発生施設となった際現にその施設を設置している者（設置の工事をしている者を含む。）は，当該施設が一般粉じん発生施設となった日から30日以内に，環境省令で定めるところにより，前条第1項各号に掲げる事項を都道府県知事に届け出なければならない。」と規定され，「（第18条）第1項又は次条（第18条の2）第1項の規定による届出をした者は，その届出に係る第1項第四号（④ 一般粉じん発生施設の構造）及び第五号（⑤ 一般粉じん発生施設の使用及び管理の方法）に掲げる事項の変更をしようとするときは，環境省令で定めるところにより，その旨を都道府県知事に届け出なければならない」（第18条第3項）と規定

されている。よって，**3**の記述内容は正しい。

第18条の3（基準遵守義務）に，「一般粉じん発生施設を設置している者は，当該一般粉じん発生施設について，環境省令で定める構造並びに使用及び管理に関する基準を遵守しなければならない。」と規定されている。よって，**4**の記述内容は正しい。

第18条の12（特定粉じんの濃度の測定）には，「特定粉じん排出者は，環境省令で定めるところにより，その工場又は事業場の敷地の境界線における大気中の特定粉じんの濃度を測定し，その結果を記録しておかなければならない。」と規定されているが，一般粉じんの排出者に対しては，排出濃度の測定および結果の記録保存義務に関する条項はない。よって，**5**の記述内容は誤りである。

〔正 解〕 **5**

---- 〔問〕**4** -------------------------------

水質汚濁防止法第2条第2項第2号の水の汚染状態を示す項目について，水質汚濁防止法施行令第3条で定める項目に該当しないものを，次の中から一つ選べ。

  1 水素イオン濃度

  2 いおう含有量

  3 浮遊物質量

  4 大腸菌群数

  5 溶解性鉄含有量

〔題 意〕 水質汚濁防止法施行令第3条に規定する水質汚濁状態を示す項目について問う。

〔解 説〕 水質汚濁防止法施行令第3条に，水質汚濁防止法第2条第2項第2号の政令で定める項目として，① 水素イオン濃度，② 生物化学的酸素要求量および化学的酸素要求量，③ 浮遊物質量，④ ノルマルヘキサン抽出物質含有量，⑤ フェノール類含有量，⑥ 銅含有量，⑦ 亜鉛含有量，⑧ 溶解性鉄含有量，⑨ 溶解性マンガン含有量，⑩ クロム含有量，⑪ 大腸菌群数，⑫ 窒素またはりんの含有量（湖沼植物プランクトンまたは海洋植物プランクトンの著しい増殖をもたらすおそれがある場合として

環境省令で定める場合におけるものに限る。）の計12個の項目を規定している。よって，この中にいおう含有量は入っていないので，該当しない項目は **2** である。

〔正 解〕　**2**

---- 〔問〕5 ----

　水質汚濁防止法で定める水質の汚濁の状況の監視等に関する記述として，誤っているものを，次の中から一つ選べ。

1　環境大臣は，環境省令で定めるところにより，放射性物質（環境省令で定めるものに限る。）による公共用水域及び地下水の水質の汚濁の状況を常時監視しなければならない。

2　環境大臣は，環境省令で定めるところにより，放射性物質による公共用水域及び地下水の水質の汚濁の状況を公表しなければならない。

3　都道府県知事は，環境省令で定めるところにより，放射性物質によるものを含む，公共用水域及び地下水の水質の汚濁の状況を常時監視しなければならない。

4　都道府県知事は，環境省令で定めるところにより，水質汚濁防止法第15条第1項の常時監視の結果を環境大臣に報告しなければならない。

5　都道府県知事は，環境省令で定めるところにより，当該都道府県の区域に属する公共用水域及び当該区域にある地下水の水質の汚濁の状況を公表しなければならない。

〔題 意〕　水質汚濁防止法第15条および第17条の規定内容について問う。

〔解 説〕　水質汚濁防止法第15条（常時監視）の第3項に，「環境大臣は，環境省令で定めるところにより，放射性物質（環境省令で定めるものに限る。第17条第2項において同じ。）による公共用水域及び地下水の水質の汚濁の状況を常時監視しなければならない。」と規定されている。よって，**1**の記述内容は正しい。

　同法第17条（公表）の第2項に，「環境大臣は，環境省令で定めるところにより，放射性物質による公共用水域及び地下水の水質の汚濁の状況を公表しなければならない。」と規定されている。よって，**2**の記述内容は正しい。

「都道府県知事は，環境省令で定めるところにより，公共用水域及び地下水の水質の汚濁（放射性物質によるものを除く。第 17 条第 1 項において同じ。）の状況を常時監視しなければならない。」（第 15 条第 1 項）と規定され，水質の汚濁の状況の中で放射性物質は除かれる。よって，**3** の記述内容は誤りである。

「都道府県知事は，環境省令で定めるところにより，前項（第 15 条 1 項）の常時監視の結果を環境大臣に報告しなければならない。」（第 15 条第 2 項）と規定されている。よって，**4** の記述内容は正しい。

「都道府県知事は，環境省令で定めるところにより，当該都道府県の区域に属する公共用水域及び当該区域にある地下水の水質の汚濁の状況を公表しなければならない。」（第 17 条第 1 項）と規定されている。よって，**5** の記述内容は正しい。

〔正 解〕 **3**

------ 問 **6** ------

主量子数 $n = 4$ の電子殻（N 殻）に収容できる最大の電子数として，正しいものを一つ選べ。

1　18

2　24

3　28

4　32

5　36

〔題 意〕 四つの量子数について基礎知識を問う。

〔解 説〕 パウリの排他原理によれば，四つの量子数（主量子数 n，方位量子数 l，磁気量子数 m_l，スピン磁気量子数 m_s）で決まる一つの量子状態にはただ一つの電子しか入ることができない。主量子数が n のとき，方位量子数 l と磁気量子数 m_l は

$$l = 0, \ 1, \ 2, \ n-1$$

$$m_l = 0, \ \pm 1, \ \cdots, \ \pm(l-1), \ \pm l$$

であり，全部で $(2l+1)$ 個のいずれかの状態を取りうるから，状態の総数は各 l に対する m_l を足し合わせて

$$\sum_{l=0}^{n-1}(2l+1) = n^2$$

のように n^2 個の異なる状態がある。n, l, m_1 で定まる電子のエネルギーと電子状態を表す数学的関数を原子軌道（atomic orbital）といい，原子軌道に対応するエネルギー値をその軌道のエネルギー準位（energy level）という。一つの原子軌道にスピン磁気量子数 m_s を異にして2個の電子が入ることができる。すなわち，主量子数 n には，最大 $2n^2$ 個の電子を有する。

問題文の主量子数 n が4のときの，収容できる最大の電子数は，$2n^2 = 2 \times 4^2 = 32$ 個となる。

［正 解］ 4

---- **問 7** --

同体積の $0.03\ \mathrm{mol\,L^{-1}}$ 硝酸銀水溶液と $0.01\ \mathrm{mol\,L^{-1}}$ 塩化ナトリウム水溶液を混合した。混合後の溶液中に溶解している塩化物イオンの濃度は幾らか。次の中から最も近いものを一つ選べ。

ただし，塩化銀の溶解度積を $[\mathrm{Ag^+}][\mathrm{Cl^-}] = 1 \times 10^{-10}\ (\mathrm{mol\,L^{-1}})^2$ とする。

1 $1 \times 10^{-5}\ \mathrm{mol\,L^{-1}}$

2 $1 \times 10^{-6}\ \mathrm{mol\,L^{-1}}$

3 $1 \times 10^{-7}\ \mathrm{mol\,L^{-1}}$

4 $1 \times 10^{-8}\ \mathrm{mol\,L^{-1}}$

5 $1 \times 10^{-9}\ \mathrm{mol\,L^{-1}}$

［題 意］ 溶解度積に関する基礎的な計算問題である。

［解 説］ 電解質 $\mathrm{M}_m\mathrm{X}_x$ は飽和溶液中では，つぎのように解離して，電解質の溶解度積 K_{sp} と電解質の濃度 C の関係は，式 (1) で表される。

$$\mathrm{M}_m\mathrm{X}_x \rightleftharpoons m\,\mathrm{M}^{x+} + x\,\mathrm{X}^{m-}$$

$$K_{SP} = [\mathrm{M}]_m\,[\mathrm{X}]_x = [mC]^m\,[xC]^x = m^m x^x C^{(m+x)}$$

$$\mathrm{AgCl} \text{ の場合：} K_{sp} = C^2 \tag{1}$$

例えば，$0.03\ \mathrm{mol/L}$ の硝酸銀 $1\ \mathrm{L}$ と $0.01\ \mathrm{mol/L}$ の塩化ナトリウム $1\ \mathrm{L}$ を混合すると，$0.01\ \mathrm{mol}$ の塩化銀が沈殿し，$0.02\ \mathrm{mol}$ の銀イオンが溶存する。溶解する塩化物イオン

は，沈殿した塩化銀由来によるものである。よって，溶解する塩化銀の物質量を a〔mol〕とすると，溶解度積からつぎの式 (2) が成立し，求めた塩化銀の物質量 a から塩化物イオン濃度が求められる。

$$K_{\text{SP}} = \left(\frac{0.02〔\text{mol}〕 + a〔\text{mol}〕}{2〔\text{L}〕} \right) \cdot \frac{a〔\text{mol}〕}{2〔\text{L}〕} = 1 \times 10^{-10} \tag{2}$$

$0.02 + a \cong 0.02$　　∵　$0.02 \gg a$

∴　$\dfrac{0.02}{2} \cdot \dfrac{a}{2} = 1 \times 10^{-10}$

$a = 2 \times 10^{-8}$ mol

塩化物イオンの濃度：$\dfrac{2 \times 10^{-8}〔\text{mol}〕}{2〔\text{L}〕} = 1 \times 10^{-8}〔\text{mol/L}〕$

〔正 解〕 **4**

--------- 問 8 ---------

　硫酸酸性下，濃度不明の過酸化水素水 20.0 mL を 0.100 mol L^{-1} 過マンガン酸カリウム水溶液で滴定したところ，終点までに 12.0 mL を要した。この過酸化水素水の濃度は幾らか。次の中から最も近いものを一つ選べ。なお，化学反応式は以下のとおりである。

　　　$2KMnO_4 + 3H_2SO_4 + 5H_2O_2 \rightarrow 2MnSO_4 + K_2SO_4 + 8H_2O + 5O_2$

1　0.060 0 mol L^{-1}

2　0.120 mol L^{-1}

3　0.150 mol L^{-1}

4　0.300 mol L^{-1}

5　0.600 mol L^{-1}

〔題 意〕　過酸化水素水と過マンガン酸カリウムの酸化還元反応についての基礎的な計算問題である。

〔解 説〕　設問の化学反応方程式から，過マンガン酸カリウム 2 モルに対して，過酸化水素 5 mol が定量的に反応する。よって，過酸化水素水の濃度を x〔mol/L〕とすると，式 (1) の関係が成立する。

$$0.1 [mol/L] \times 12 [mL] : x [mL] \times 20.0 [mL] = 2 : 5 \tag{1}$$

$$x = 0.15 \, mol/L$$

[正 解] 3

[問] 9

下に示した化合物またはイオンが，等電子構造であるものの組合せとして，正しいものを一つ選べ。

1 CO と CN^-

2 CO_2 と NO_2^-

3 CO_3^{2-} と NF_3

4 C_2H_6 と B_2H_6

5 CS_2 と SiO_2

[題 意] 等電子構造について基礎知識を問う。

[解 説] 等電子的（isoelectronic）とは，元素の種類に関係なく，同数の価電子または同じ電子配置と，同じ構造（原子の数や結合様式）をもつ化学種（原子，分子，イオン）どうしをいう。例えば，CO，N_2 および NO^+ は，それぞれ2個の核と10個の価電子をもつため等電子的である（$CO : 4+6$，$N_2 : 5+5$，$NO^+ : 5+5$）。これに対し，同数の価電子または同じ電子配置をもっているが，原子の数や結合が異なっている場合は等価電子的（valence-isoelectronic）という。設問の化学種類について，価電子をそれぞれ**表**に示す。

表 化学種の価電子の比較

化学種	価電子
1 $CO : CN^-$	$4+6 : 6+4$
2 $CO_2 : NO_2^-$	$6+4+6 : 6+5+7$
3 $CO_3^{2-} : NF_3$	$6+4+7+7 : 7+5+7+7$
4 $C_2H_6 : B_2H_6$	$4+4+(1 \times 6) : 3+3+(1 \times 6)$
5 $CS_2 : SiO_2$	$6+4+6 : 6+4+6$

二硫化炭素 CS_2 は直線形状を示すが，二酸化けい素 SiO_2 は，O 原子が隣り合う2個の Si 原子に共有されて結合している場合，Si 原子1個当たりの O 原子は1/2個ずつ

が4個となるので，Si：O＝1：1/2×4＝1：2となり，組成式で示すとSiO₂となって，正4面体の構造を取る。結合角は温度によって変化する。よって，CS_2とSiO_2は同数の荷電子数をもつが，結合様式が異なるので，等電子的な構造とはならない。したがって，等電子的構造をとる化学種どうしは2原子からなるCOとCN⁻であるから，**1**が該当する。

[正解]　**1**

――[問]**10**――――――――――――――――――――――――――

　次の（ア）～（エ）の化学電池のうち，負極活物質または正極活物質に遷移元素（3～11族元素）を含む組合せとして，正しいものを**1**～**5**の中から一つ選べ。

（ア）ダニエル電池

（イ）マンガン乾電池

（ウ）鉛蓄電池

（エ）りん酸形燃料電池

　1　（ア）と（イ）

　2　（ア）と（ウ）

　3　（ア）と（エ）

　4　（イ）と（ウ）

　5　（イ）と（エ）

[題意]　化学電池の負極活物質および正極活物質について基礎知識を問う。

[解説]　設問の化学電池の負極活物質および正極活物質を**表**に示した。ダニエル電池は，負極に亜鉛Zn板を硫酸亜鉛$ZnSO_4$の薄い水溶液に浸したものと，正極に銅Cu板を硫酸銅（Ⅱ）$CuSO_4$の濃い水溶液に浸したものを組み合わせた一次電池である。正負極の活物質はいずれも遷移元素から構成される。マンガン乾電池は，中心に集電体と呼ばれる炭素棒があり，負極活物質に亜鉛を正極活物質に二酸化マンガンを充填し，電解液に塩化亜鉛や塩化アンモニウムを使用した一次電池である。正負極の活物質はいずれも遷移元素から構成される。鉛蓄電池は，負極板にはイオンになりやすい鉛を，

正極にはイオンになりにくい二酸化鉛からなる極板を，酸化還元を促す電解液として希硫酸を使用した二次電池である。鉛は，第14族に含まれるから遷移元素ではない。

　燃料電池とは，水素と酸素を利用して電気エネルギーを得る発電装置である。りん酸形燃料電池の仕組みは，負極では，水素（H_2）が電子（e^-）を放出して水素イオン（H^+）となる。放出された e^- は銅線を通じて正極に移動し，H^+ は電解液の H_3PO_4 を介して正極側に移動する。正極では，酸素（O_2）が水素イオンと反応し水（H_2O）が生成する。

表

	負極活物質	正極活物質
（ア）ダニエル電池	亜鉛	銅
（イ）マンガン乾電池	亜鉛	二酸化マンガン
（ウ）鉛蓄電池	鉛	二酸化鉛
（エ）りん酸形燃料電池	水素	酸素

　よって，正負極の活物質がいずれも遷移元素から構成される化学電池の組合せは，（ア）と（イ）である。

〔正解〕　**1**

---- 問 11 ---

　鏡像異性体をもたない分子またはイオンの構造式として，正しいものを一つ選べ。

【題 意】　鏡像異性体の種類について，専門的な知識が求められている。

【解 説】　鏡像異性体とは，ちょうど右手と左手のように互いに鏡像である1対の立体異性体をいい，これら二つの異性体は互いにエナンチオマー（enantiomer），対掌体（対称体とは異なる。）またはキラル分子であるという。一般にエナンチオマーの絶対配置を区別するにはRS表記法を使うが，アミノ酸や糖では絶対配置既知の化合物から相対的に決定される伝統的なDL表記法も使われる。

　四つの単結合の置換基がすべて異なる炭素原子を不斉炭素といい，不斉炭素をもつ分子はキラルになることが多い。例えば不斉炭素の置換基がすべてアキラルであれば，この分子はキラルである。不斉炭素の置換基のうち2個が互いに対掌体であれば，この分子はアキラルである。炭素以外の原子でも置換基がほぼ正四面体に配置する場合は不斉中心という。多くの鏡像異性体は不斉炭素などの不斉中心をもつが，不斉中心の存在はキラルであることの十分条件でも必要条件でもない。例えば，**1**の2-ヒドロキシプロパン酸には，不斉炭素を一つもち，R体とS体が存在する。よって，**1**は該当しない。

　ジアステレオマー（diastereomer）は化学物質の異性体の一つであるが，立体異性体のうち，鏡像異性体（エナンチオマー）でないものをいう。幾何異性体（シス－トランス異性体）もジアステレオマーに含まれる。化合物Aが化合物Bのジアステレオマーである場合，AとBの分子式や化学結合の様式は等しいが，平行移動や回転操作を施してもぴったりと重ね合わせることはできない。また，Aの鏡像もBとは重ならない。一般に，複数のキラル中心がある化合物はジアステレオマーをもつ。例えば，酒石酸には二つの不斉炭素があり，それぞれR/Sの2種類の立体配置を取りうるため，分子全体ではRR，RS，SR，SSの四つの立体配置をとる。このうち，RSとSRは重ね合わせることができる完全に等価な化合物である（メソ化合物）。したがって，酒石酸には合計三つの立体異性体がある。このうち，RRとSSは互いに鏡像であるエナンチオマーの関係にあり，RRとRSおよびSSとRSはそれぞれジアステレオマーの関係にある。よって，**2**は該当しない。

　シュウ酸イオンの構造としては，平面型と，O－C－C－Oの二面角が90°であるねじれ型の二つが考えられる。X線結晶構造解析からシュウ酸塩の結晶中では，平面分子に近い分子対称性をもっている。特に，$M_2C_2O_4$（M＝Li，Na，K）の無水物の結晶

では，シュウ酸イオンは正確に平面配座をとる（**図左端参照**）。しかし，振動分光法の結果からシュウ酸塩を水に溶かして水溶液にすると，水中に放出されたシュウ酸イオンはねじれ形配座に変化する。このように，シュウ酸イオンは平面型であるが，炭素－炭素間は単結合であり，自由回転するため，鏡像異性体の関係にならない。よって，**3** は該当する。

図　シュウ酸イオン，オキサラト錯体および BINAP の化学構造

シュウ酸イオンはおもに二つの酸素原子で金属イオンに配位結合を形成し，オキサラト錯体（oxalato）を形成する。配位子としてのシュウ酸イオン $C_2O_4^{2-}$（ox）は，コバルト（Ⅲ）に配位したもの（トリスオキサラトコバルト（Ⅲ）酸カリウム $K_3[Co(ox)_3]$ を始めとして多くの遷移金属錯体が存在する。例えば，シュウ酸第二鉄カリウムなどに見られるように2座のキレート配位子となる（図1中央参照）。シュウ酸鉄錯体は鉄（Ⅲ）イオンを中心とする八面体形分子構造であり，幾何学的に重ね合わせられない二つの形をとることができるため，らせんキラリティーをもつ。左手型の巻き方をしている異性体はギリシャ文字の Λ（ラムダ），その鏡像である右手型の巻き方をしている異性体は Δ（デルタ）の文字が割り当てられる。よって，設問の $[Co(ox)_3]^{3-}$ も同様にして鏡像異性体をもつので，**4** は該当しない。

2,2'-ビス（ジフェニルホスフィノ）-1,1'-ビナフチル（BINAP；2,2'-bis(diphenylphosphino)-1,1'binaphthyl）はその構造中に不斉中心原子をもたないが，ナフチル基が2個単結合で結合した1,1'-ビナフチル構造に由来した軸不斉をもつ（図1右端参照）。2個のナフチル基の π 平面は，ジフェニルホスフィノ基とペリ位の水素の立体障害が効いてナフチル基間の単結合の回転が制限される。BINAP では2個のナフチル基の π 平面が成す角度は約90°に固定され，2種のエナンチオマー，アトロプ異性体が存在する。よって，**5** は該当しない。

[正 解]　3

----- [問] 12

次のカルボン酸（ア）～（エ）について，水中での酸性の強さの順として，正しいものを **1** ～ **5** の中から一つ選べ。ただし，不等号で大きい方が強い酸性を示すものとする。

　　（ア）CH_3COOH

　　（イ）CF_3COOH

　　（ウ）CH_3CH_2COOH

　　（エ）CF_3CH_2COOH

　1　（ア）>（ウ）>（イ）>（エ）

　2　（イ）>（エ）>（ア）>（ウ）

　3　（ウ）>（イ）>（ア）>（エ）

　4　（エ）>（ア）>（ウ）>（イ）

　5　（エ）>（イ）>（ウ）>（ア）

[題 意]　有機酸の酸性度について基礎知識を問う。

[解 説]　ギ酸（HCOOH）；$pK_a = 3.77$，酢酸（CH_3COOH）；$pK_a = 4.76$，プロピオン酸（C_2H_5COOH）；$pK_a = 4.88$ と有機酸の pK_a は，アルキル基が長くなるほど酸性度が低下する（置換基効果）。また，ジカルボン酸のシュウ酸（HOOC － COOH）；$pK_a1 = 1.27$，マロン酸（$CH_2(COOH)_2$）；$pK_a1 = 2.83$ は，同じ炭素数のモノカルボン酸である酢酸やプロピオン酸より酸解離定数が小さく，カルボキシル基の数が多いほど酸性度が高くなる。ハロゲン（X）などの電気陰性度の大きい元素など電気求引性の置換基（－X，＝O，≡N など）をもつことで，負電荷の非局在化でカルボキシラートアニオンが安定化し，酸性度が上昇する。逆に，カルボキシラートアニオンを不安定化するアルキル基などの電子供与性の置換基があると，酸性度が低下する。例えば，酢酸（CH_3COOH）の $pK_a = 4.76$ に対し，クロロ酢酸（$CH_2ClCOOH$）は $pK_a = 2.86$，ジクロロ酢酸（$CHCl_2COOH$）は $pK_a = 1.29$，トリクロロ酢酸（CCl_3COOH）は $pK_a = 0.65$，トリフルオロ酢酸（CF_3COOH）は $pK_a = 0.5$ のようにハロゲンの種類や数によって酸性

度が変化する。一般に，電気陰性度の高い原子が炭素に σ 結合するとき，その結合した原子付近の原子の電子を σ 結合を伝って引き付ける。これを電子求引性誘起効果または $-I$ 効果という。これに対してアルキル基などの水素原子よりも電子求引性の低い原子団は電子供与性をもつ。これを電子供与性誘起効果または $+I$ 効果という。誘起効果の相対性は水素を基準にして実験的に測定され，$-I$ 効果の強い順から $+I$ 効果の強い順に並べると以下のようになる。

$$-NH_3^+ > -NO_2 > -SO_2R > -CN > -SO_3H >$$

$$-CHO > -CO > -COOH > -COCl > -CONH_2 >$$

$$-F > -Cl > -Br > -I > -OR > -OH >$$

$$-NH_2 > -C_6H_5 > -CH = CH_2 > -H$$

以上を踏まえて，設問の有機酸について酸性度の強さの順に並び替えると

（イ）$CF_3COOH >$（エ）$CF_3CH_2COOH >$

（ア）$CH_3COOH >$（ウ）CH_3CH_2COOH

となり，**2** が該当する。

[正 解] **2**

---- [問] **13** ----

フェノールに十分な量の臭素水を加えたとき，得られる主生成物の構造式として正しいものを一つ選べ。

（題 意） フェノールの臭素化反応について基礎知識を問う。

（解 説） フェノールのヒドロキシ基の酸素は非共有電子対（ローンペア）をもち，**図1**に示すような共鳴極限構造式をとる。酸素の非共有電子対はベンゼン環上に流れ込み，その負電荷がヒドロキシ基から見てo位とp位にも分布し，この位置での反応性を高めている。このことから，フェノールの臭素化の反応機構は，**図2**に示したよ

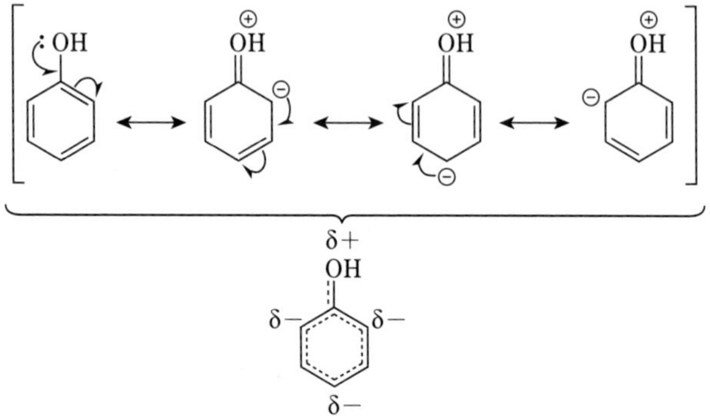

図1 フェノールの共鳴極限構造式

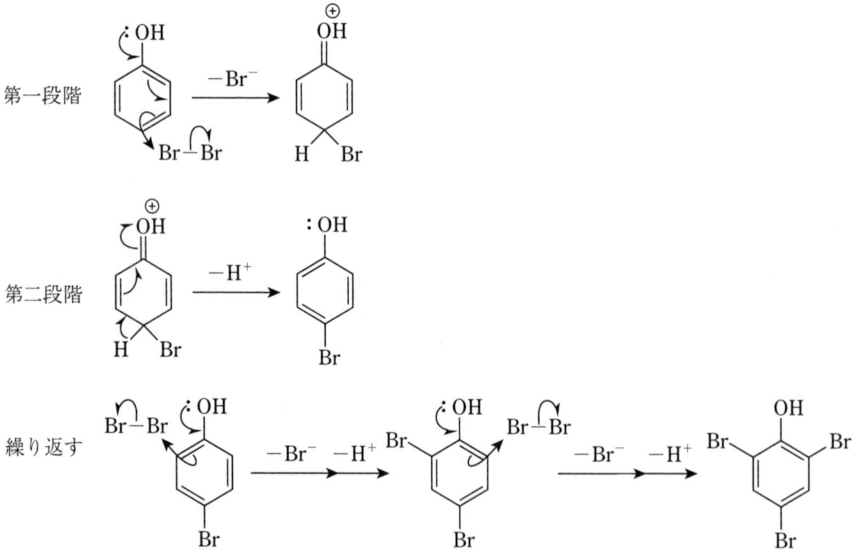

図2 フェノールの臭素化の反応機構図

うになる。第1段階では，酸素上からベンゼン環に流れ込んだ電子が，ベンゼン環上のp位の炭素から流れ出て，臭素を攻撃する。ここではp位が優先して反応するが，同様のことがo位でも起こり得る。しかし，共鳴極限構造式から分かるように，m位で反応することはない。続いて第2段階では，プロトンを放出して電子を酸素上に戻すことにより，置換反応が完結するが，共鳴構造式が示したように酸素の非共有電子対はヒドロキシ基のo位にも流れ込むために，繰り返し反応する。したがって，多量の臭素があれば置換反応はそれらの位置において容易に進行し，2,4,6-トリブロモフェノールを与える。各段階で反応を停止する場合は，所定の反応温度において，フェノールの量に対応した臭素の量を添加する必要がある。

〔正 解〕 **3**

----- 問 **14** -----

200℃，300 atm の高温高圧下でエチレンと 1,3-ブタジエンとの反応から，主生成物として炭素数6の炭化水素が得られた。この炭化水素の名称として，正しいものを一つ選べ。

 1 ベンゼン

 2 ヘキサン

 3 1-ヘキセン

 4 シクロヘキサン

 5 シクロヘキセン

〔題 意〕 ディールスアルダー反応について基礎知識を問う。

〔解 説〕 図に，1,3-ブタジエン（C_4H_6）とエチレン（C_2H_4）とのディールスアルダー反応（Diels-Alder reaction）を示す。ディールスアルダー反応とは，ブタジエンのような共役ジエンとエチレンのようなアルケンが1：1で環を形成する反応をいう。生成す

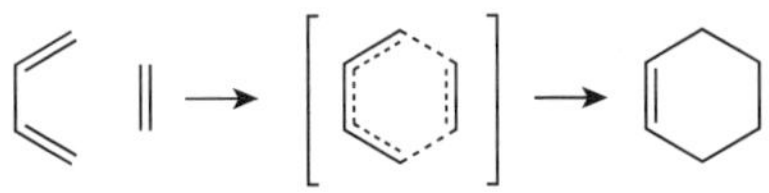

図　1,3-ブタジエンとエチレンとのディールスアルダー反応

る環はシクロヘキセン構造をとる。この反応はよく見られる極性反応でもラジカル反応でもなく，ペリ環状反応の一つであり，ペリ環状反応は反応中間体を生成せずに複数の結合が同時に形成される。図に示したように，ブタジエンとエチレンは二つの新しい炭素どうしの結合が同時に形成するような環状遷移状態を経由して起こる。よって，主生成物は **5** が該当する。

[正 解] **5**

-------- [問] **15** --------

　燃料電池は化学エネルギーを電気エネルギーに変換する装置で，水素を燃料とする場合，以下の反応が進行する。

$$H_2 + \frac{1}{2} O_2 \rightarrow H_2O$$

25 ℃において水の標準生成ギブズエネルギー ΔG^0 が $-237\,kJ\,mol^{-1}$ であるとき，この燃料電池の標準起電力 E^0 は幾らか。次の中から最も近いものを一つ選べ。ただし，ファラデー定数を F（$96\,500\,C\,mol^{-1}$），化学反応で移動する電子数を n とすると，$\Delta G^0 = -nFE^0$ の関係が成立するものとする。

1　0.41 V

2　0.59 V

3　0.82 V

4　1.23 V

5　2.46 V

[題 意]　酸化還元反応式から標準起電力を求める基礎的な計算問題である。

[解 説]　燃料電池の正極側では，O_2 が H^+ と e^- を受け取り H_2O となり，式 (1) の反応が起きる。負極側では，式 (2) のように，水溶液中の H_2 が e^- を放出して H^+ となる。正極と負極の反応式をまとめると式 (3) のようになる。よって，1 mol の水を生成するのに，2 電子が移動していることに留意して，式 (4) の n に 2 を代入して標準起電力を求める。

$$\frac{1}{2} O_2 + 2H^+ + 2e^- \longrightarrow H_2O \tag{1}$$

$$H_2 \longrightarrow 2H^+ + 2e^- \tag{2}$$

$$H_2 + \frac{1}{2}O_2 \longrightarrow H_2O \tag{3}$$

$$\Delta G^O = -nFE^O \tag{4}$$

$$-237 \times 10^3 = -2 \times 9.65 \times 10^4 \times E^O$$

$$\therefore \quad E^O = 1.23\,\mathrm{V}$$

【正 解】　**4**

----- 問 **16** -----

　水 180 g にグルコース（モル質量 180 g mol^{-1}）18.0 g を溶かした水溶液の 25 ℃ における蒸気圧は幾らか。次の中から最も近いものを一つ選べ。ただし，25 ℃ における水の蒸気圧は 3.17 kPa であり，水溶液は理想溶液とし，ラウールの法則に従うものとする。

1　1.41 kPa

2　1.76 kPa

3　2.24 kPa

4　2.85 kPa

5　3.14 kPa

【題 意】　ラウールの法則を扱った基礎的な計算問題である。

【解 説】　ラウールの法則（Raoult's law）とは，一定の温度条件で，混合溶液の各成分の蒸気圧 P_i はそれぞれの純液体の蒸気圧 $P_i{}^\circ$ と混合溶液中のモル分率 x の積で表され，式 (1) に従うという法則である。これは束一的性質の一つであり，不揮発性の溶質を溶媒に溶かすと溶液の蒸気圧が下がる蒸気圧降下の現象について成り立つ。設問の溶解したグルコースのモル数から水のモル分率を求め，式 (1) に当てはめて水溶液の蒸気圧を求める。

$$P_i = P_i{}^\circ \cdot x \tag{1}$$

$$P = 3.17\,[\mathrm{kPa}] \ \times \frac{10\,[\mathrm{mol}]}{10\,[\mathrm{mol}] + \dfrac{18.0\,[\mathrm{g}]}{18.0\,[\mathrm{g/mol}]}} = 3.14\,[\mathrm{kPa}]$$

〔正 解〕 5

---- 問 17 ----

コロイドの性質に関する次の記述の中から，誤っているものを一つ選べ。

1 球状の金コロイドは粒子サイズが 10 nm 程度のとき赤色を示す。

2 ブラウン運動はコロイドの熱運動によって生じる。

3 粘土が分散している水では，硫酸ナトリウムよりも硫酸アルミニウムの方が少ない物質量の添加で凝析が起こる。

4 界面活性剤分子は溶液中でコロイドを形成できる。

5 コロイドは空気中にも存在する。

〔題 意〕 コロイドの性質について基礎知識を問う。

〔解 説〕 物質が $10^{-7} \sim 10^{-9}$ m の粒度の微粒子で分散している状態をコロイド状態という。分散している微粒子を分散質（分散相），分散させている媒質を分散媒，両者を含めて分散系という。金コロイドは，1 マイクロメートル以下の金微粒子（ナノ粒子）が，流体中に分散しているコロイドである。色は液の状態によっても変わるが，10^{-9} m（10 nm）程度の微粒子の場合は概ね赤であり，粒径が小さくなると薄黄色，大きくなると紫〜薄青，10^{-7} m を超えると濁った黄色となる。よって，**1** の記述内容は正しい。

ブラウン運動（brownian motion）とは，液体や気体中に浮遊する微粒子が，不規則に運動する現象である。これは熱運動する媒質の分子の不規則な衝突によって引き起こされていることをアインシュタインが証明した。すなわち，液体に浮遊するコロイドがブラウン運動を起こすのは，コロイドの熱運動でなく，溶媒分子の熱運動による不規則な衝突によって引き起こされているためである。よって，**2** の記述内容は誤りである。

親水コロイドは，水中で多くの水分子と水和して安定化している。この親水コロイドに多量の電解質を加えることにより沈殿する現象を塩析という。例えば，ゼラチンはタンパク質（高分子）で親水コロイドであり，少量の電解質を加えても凝析しない。

これに対して，疎水コロイドは水との親和性が小さいコロイドであるため，水によ

る安定化を受けず，コロイドどうしで反発し分散する。この状態で少量の電解質を加えると，電解質が電離して生じた陽イオン（陰イオン）が疎水コロイドの表面の電荷に引きつけられて表面の電荷が打ち消される。表面の電荷を打ち消された疎水コロイドは，反発する力を失うため分散せずに固まって沈殿する。このように，疎水コロイドに少量の電解質を添加することによって沈殿する現象を凝析という。例えば，水の中に分散した粘土の微粒子にミョウバン（電解質）を少量加えると沈殿する。粘土が疎水コロイドだからである。コロイド粒子のもつ電荷と反対符号のイオンの価数の大きい電解質ほど凝析の効果は大きい。これを凝析効果という。塩化ナトリウムより硫酸アルミニウムのほうが陽イオン，陰イオンとも価数が大きいので凝析効果は大きい。なお，水酸化鉄（Ⅲ）は正コロイドであるが，粘土は負コロイドであるから，コロイド粒子と反対の電荷をもつ価数の大きいナトリウム塩よりアルミニウム塩の電解質のほうが凝析効果が大きい。よって，**3**の記述内容は正しい。

　水溶液中の界面活性剤の濃度を上げていくと，水溶液中で界面活性剤が集合して，大きなミセルを形成する。このミセルの大きさと形状は，直径が分子の長さの約2倍の球状粒子であり，コロイドの範囲に入る。界面活性剤の濃度が C_0 以上になって初めて，界面活性剤の水溶液はコロイドになる。C_0 という濃度は，コロイドであるかないかを区別する重要な値であり，界面活性剤がミセルを形成し始めるこの濃度のことを，臨界ミセル濃度（critical micellar concentration）という。よって，**4**の記述内容は正しい。

　分散系では，分散している粒子を分散質，粒子が分散している媒質を分散媒という。分散系は分散質と分散媒の組み合わせで**表**のように区分される。

表　分散系の分散質と分散媒の組み合わせ

		分散質		
		気　体	液　体	固　体
分散媒	気体	存在しない。	エアロゾル 　例：霧，もや，煙，ほこり	
	液体	フォーム（泡） 　例：ホイップクリーム	エマルション（乳濁液） 　例：牛乳，マヨネーズ，クリーム，血液	サスペンション（懸濁液） 　例：墨汁
	固体	ソリッドフォーム 　例：発泡スチロール	ソリッドゾル 　例：オパール，ルビーガラス	

表からわかるように，エアロゾルのように分散媒が気体の場合もある。よって，**5**の記述内容は正しい。

[正 解] 2

---- **[問] 18** ----

容器内の液体窒素が完全に気化したとき，0℃，1 atm の条件下で 2 240 L の窒素ガスが発生した。はじめに存在した液体窒素の体積は幾らか。次の中から最も近いものを一つ選べ。ただし，窒素の原子量は 14.0，液体窒素の密度は 0.800 g cm^{-3} とする。また，0℃，1 atm の条件下での窒素ガス 1 mol の占める体積は 22.4 L とする。

   1   1.40 L

   2   1.75 L

   3   2.80 L

   4   3.50 L

   5   5.60 L

[題 意] 理想気体の気体状態方程式を扱った基礎的な計算問題である。

[解 説] 初めに存在した液体窒素の体積を x L として，設問の数値を理想気体の気体状態方程式 (1) に当てはめる。このとき，気体定数は，設問の条件を使うことに留意する。

$$PV = nRT \tag{1}$$

$$R = \frac{PV}{nT} = \frac{1\,\mathrm{atm} \times 22.4\,\mathrm{L}}{1\,\mathrm{mol} \times 273\,\mathrm{K}}$$

$$= \frac{1\,\mathrm{atm} \times 2\,240\,\mathrm{L}}{\dfrac{x\,\mathrm{L} \times 0.8\,\mathrm{g/cm^3} \times 10^3\,\mathrm{cm^3/L}}{28\,\mathrm{g/mol}} \times 273\,\mathrm{K}}$$

$$x = 3.50\,\mathrm{L}$$

[正 解] 4

-------- 問 19 --------

圧力一定の条件で静置した希薄食塩水を一定の冷却速度で冷却したところ，凝固点付近で以下の冷却曲線が得られた。この冷却曲線に関する次の記述の中から，誤っているものを一つ選べ。

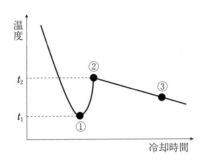

1 凝固点温度から点 ① の温度 t_1 に至るまでの間は過冷却状態であり，液相のみが存在する。

2 希薄食塩水の凝固では，先に溶媒だけが凝固する。

3 この希薄食塩水の凝固点は，点 ② の温度 t_2 である。

4 点 ③ では，固相と液相が共存する。

5 純水の冷却曲線では，点 ② ～ ③ 区間で見られる液温の低下は起こらない。

題意 電解質溶液の冷却曲線について基礎知識を問う。

解説 図に示すように，物質を冷却したとき，冷却し始めてからの時間を横軸に，温度を縦軸にとって，経過時間と温度の関係を表した曲線を冷却曲線という。この図には，純溶媒の冷却曲線と電解質が溶けている溶液の二つの冷却曲線を示している。液体を冷却していくと凝固点を過ぎても液体の状態を保持し，この状態を過冷却という。よって，**1** の記述内容は正しい。

液体をさらに冷却していくと，下に凸の極小点で凝固が始まるが，凝固熱が発生するため温度が上昇する。その後，純溶媒の場合は，冷却による吸熱と凝固熱が等しくなるため，冷却曲線は水平になる。よって，**5** の記述内容は正しい。これに対して，電解質溶液の場合は，先に溶媒の凝固の進行に伴い電解質溶液の濃度が増加するにし

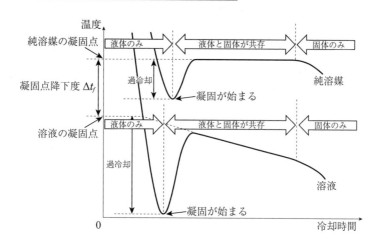

図　純溶媒および電解質溶液の冷却曲線

たがって，モル濃度に比例する凝固点降下がより大きくなって温度が下がる。その結果，冷却曲線は右肩下がりになる。この領域では，溶媒の固体と電解質溶液が共存しており，電解質溶液が飽和になるまで続く。よって，**2** および **4** の記述内容は正しい。

　純溶媒と電解質溶液の冷却曲線の直線部分を左に延長したときに，それぞれの冷却曲線と交わる点が凝固点となり，これによって凝固点降下度が求められる。設問の t_2 は，直線部分を左に延長したときより低くなるので凝固点ではない。よって，**3** の記述内容は誤りである。

〔正 解〕　**3**

-----〔問〕**20** --

　ある溶質の濃度が c である水溶液の光の透過率を測定した。光路長が t のセルを用いた場合，光の透過率が50%であった。その後，光路長が $2t$ のセルを用い，光の透過率が50%になるようにこの水溶液の濃度を調整した。物質による光の吸収はランベルト・ベールの法則 $(I = I_0 \exp(-kct))$ に従うとすると，濃度調整後の水溶液濃度は幾らか。次の中から正しいものを一つ選べ。ただし，I_0：入射光強度，I：透過光強度，k：比例定数，t：光路長とする。また，水とセルの吸収は無視できるものとする。

1　$c/10$

2　$c/8$

3　$c/6$

4　$c/4$

5　$c/2$

［題　意］ ランベルト・ベールの法則を扱った基礎的な計算問題である。

［解　説］ ランベルト・ベール（Lambert-Beer）の法則とは，溶液の吸光度 A は試料の濃度 c，試料液の入った容器の幅（光路長）l に比例するという法則をいい，式 (1) で表される。

$$A = -\log \frac{I}{I_0} = kct \tag{1}$$

ここで，I_0：入射光強度，I：透過光強度，c：試料溶液の濃度，k：比例定数（吸光係数），t：試料溶液層の光路長である。

吸光係数 k は濃度 c を 1 モル濃度（mol/L），光路長 l を 1 cm で表したとき，モル吸光係数 ε という。

吸光度は透過度の逆数の常用対数と定義され，式 (2) で表されるので，式 (3) が成立する。

$$A = \log \frac{I_0}{I} = -\log d = -\log \frac{D}{100} = 2 - \log D \tag{2}$$

ここで，d：透過度，D：透過率である。

$$-\log \frac{D}{100} = kct \tag{3}$$

調製した水溶液の濃度を x として，設問の数値を式 (3) に代入して，水溶液濃度を求める。

$$-\log \frac{50}{100} = kct = kx2t$$

$$x = \frac{1}{2}c = 0.5c$$

［正　解］ **5**

----- 問 21 -----

次の分子の下線で示した原子の混成軌道が，C_2H_6 の炭素原子の混成軌道と同じものはどれか。**1 〜 5** の中から一つ選べ。

  1　HCHO

  2　NH$_3$

  3　C$_2$H$_2$

  4　BF$_3$

  5　CH$_3$CN

題意　混成軌道の種類について基礎知識を問う。

解説　メタン CH_4 の炭素は 2s 軌道に 2 個，2p 軌道に 2 個の電子（不対電子）をもっている。**図1** に示すように σ 結合を形成する不対電子をもつ原子軌道を四つ形成するため，2s 軌道の電子を一つ 2p 軌道に移行させて，不対電子をもつ原子軌道を四つ形成することができ，炭素は四つの σ 結合を形成できる。このとき，s 軌道と p 軌道三つを混ぜ合わせた同じエネルギー準位の軌道である sp^3 混成軌道が形成される。設問のエタン C_2H_6 の炭素についても同様にして混成軌道を形成する。

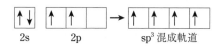

図1　メタンおよびエタンの sp^3 混成軌道

ホルムアルデヒド HCHO の炭素は平面三角形状をとり，sp^2 混成軌道を形成している（**図2** 参照）。酸素も二つの非共有電子対（ローンペア）と C＝O 結合の三つの電子密度領域をもっているので，平面状で sp^2 混成軌道を形成していると考えられる。炭素と酸素の sp^2 混成軌道と 2 個の水素の 1s 原子軌道の重なりで σ 結合を形成している。炭素に残っている 2p$_z$ 原子軌道と酸素の 2p$_z$ 軌道で π 結合を形成している。よって，**1** は，該当しない。

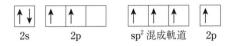

図2 ホルムアルデヒドの炭素のsp^{2}混成軌道

アンモニア NH$_3$ の窒素については，**図3** に示すように sp^3 混成軌道を形成し，水素と3本の σ 結合を形成する。残った一つの軌道には，非共有電子対が入って四面体構造をとる。よって，**2** は，設問の混成軌道と同じになり該当する。

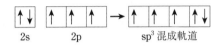

図3 アンモニアのsp^{3}混成起動

アセチレン C$_2$H$_2$ の炭素は 2s 軌道に2個，2p 軌道に2個の電子をもち，不対電子を2個もっている。炭素－水素間で1本の結合，炭素－炭素間で三重結合を形成するため，**図4** に示すように，2s 軌道の電子を一つ 2p 軌道に移行させて sp 混成起動を形成して不対電子をもつ原子軌道を二つ形成し，一つは水素と σ 結合を，他の一つで炭素と σ 結合を形成する。p 軌道の電子2個により隣の炭素と二つの π 結合をなし，合わせて三重結合を形成する。このとき sp 混成起動は，直線形状をしている。よって，**3** は，該当しない。

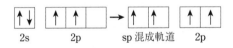

図4 アセチレンのsp混成起動

三フッ化ホウ素 BF$_3$ は，平面三角形をしている。ホウ素は 2s 軌道に2個，2p 軌道に1個の電子をもっており，不対電子を1個もつ。三つの σ 結合を形成するため，2s 軌道の電子を一つ p 軌道に移行させて，s 軌道と p 軌道二つを混ぜ合わせた同じエネルギー準位の軌道である sp^2 混成軌道を形成し，不対電子をもつ原子軌道を三つ形成する（**図5** 参照）。このとき形成された sp^2 混成軌道は，互いに 120° の角度をなしているため，三フッ化ホウ素は平面三角形構造をしているのである。よって，**4** は，該当しない。

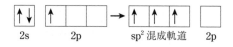

図5　三フッ化ホウ素のsp^2混成軌道

アセトニトリル CH_3CN の －CN の炭素は，sp 混成軌道を形成し（図4 アセチレンの sp 混成軌道を参照），同様にして N も sp 混成軌道を形成する。図6 に示すように，N の sp 混成軌道の一つが炭素と σ 結合を生成し，残りの sp 混成軌道に非共有電子対（ローンペア）が入る。混成に使われなかった二つの p 軌道が，炭素と二つの π 結合を作る。非共有電子対が C－C 結合の反対側にあることで，極性が増幅され（双極子モーメントが大きくなる），極性分子を溶かすことができる非プロトン溶媒として広く用いられている。設問は，ニトリル（CN）基の炭素について問いているが，窒素と同様に sp 混成軌道であるから，5 は，該当しない。

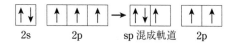

図6　アセトニトリルの窒素の混成起動

〔正解〕　2

------- 問 22 -------

25℃における $0.10\ mol\ L^{-1}$ の酢酸水溶液の pH は幾らか。この温度での酢酸の pK_a は 4.8 として，次の中から最も近いものを一つ選べ。

なお，$pK_a = -\log_{10} K_a$（K_a：酸解離定数）とする。

　1　0.5

　2　1.9

　3　2.9

　4　3.8

　5　4.2

〔題意〕　弱酸である酢酸の pH を求める基礎的な計算問題である。

[解説] 弱酸の pH は，酸解離定数 K_a，濃度 C_a 〔mol/L〕として，つぎのようにして求められる。

$$HA \rightleftarrows H^+ + A^- \tag{1}$$

$$H_2O \rightleftarrows H^+ + OH^- \tag{2}$$

$$K_a = \frac{[H^+][A^-]}{[HA]} \tag{3}$$

物質均衡より

$$C_a = [HA] + [A^-] \tag{4}$$

電荷均衡より

$$[H^+] = [OH^-] + [A^-] \tag{5}$$

式 (3)，(4) および (5) から

$$K_a = \frac{[H^+]([H^+] - [OH^-])}{C_a - ([H^+] - [OH^-])} \tag{6}$$

溶液は酸性であるため，$[H^+] > [OH^-]$ より $[OH^-]$ を無視できる。また $C_a \gg [H^+]$ より分母の $[H^+]$ を無視して近似すると

$$[H^+] = \sqrt{K_a \cdot C_a} \tag{7}$$

$$pH = -\log[H^+] = -\frac{1}{2}\log(K_a \cdot C_a) = \frac{1}{2}(pK_a - \log C_a) \tag{8}$$

となる。

設問の数値を式 (8) に代入して，酢酸の pH を求める。

$$pH = \frac{1}{2}(4.8 - \log 0.10) = \frac{4.8 + 1}{2} = 2.9$$

[正 解] 3

---- **[問] 23** ----

質量モル濃度が等しい次の不揮発性物質の希薄水溶液の中から，沸点が最も高いものを一つ選べ。ただし，水溶液中で硝酸カルシウム及び塩化ナトリウムは完全に電離しているものとする。

1 グルコース水溶液

2 尿素水溶液

3 硝酸カルシウム水溶液

4　塩化ナトリウム水溶液

5　しょ糖（スクロース）水溶液

──────────────────────────────

〔題 意〕　電解質の沸点上昇度について基礎知識を問う。

〔解 説〕　沸点上昇度と凝固点降下度は，溶質の種類に関係なく溶液の質量モル濃度に比例する。溶液の濃度が濃ければ濃いほど沸点は上昇し，凝固点は降下する。溶質がスクロースからエタノールなど別の物質になってもその度合いは変わらない。電解質溶液も非電解質と同様，溶液の濃度に比例して沸点は上昇し，凝固点は降下する。しかしこの場合の濃度は，電離後の溶質とイオンの物質量（モル数）の合計を溶媒の質量で割った値であり，電離度の値に影響を受ける。設問の電解質はいずれも完全に解離しているので，電離後のイオンの総物質量（モル数）が沸点上昇に関与し，その値の最も大きな電解質が沸点上昇度も大きくなる。硝酸カルシウムは 1 mol が溶解すると，合計 3 mol のイオンが溶解するので，塩化ナトリウムの場合の総イオン数 2 molより大きい。よって，溶解している電解質の総物質量（モル数）が最も大きいのは，硝酸カルシウムであり，**3** が該当する。

〔正 解〕　**3**

──── **問 24** ────────────────────

次の化合物の中から，アミノ酸に分類されないものを一つ選べ。

1　アルブミン

2　リジン

3　バリン

4　フェニルアラニン

5　イソロイシン

──────────────────────────────

〔題 意〕　アミノ酸について基礎知識を問う。

〔解 説〕　アルブミン（Albumin）は，約 600 個のアミノ酸からできた分子量約 66,000の比較的小さなタンパク質であり，一群のタンパク質に名づけられた総称である。そして，アルブミンは血漿タンパクのうち約 60 ％を占めており，100 種類以上あるとい

われる血漿タンパクの中で最も量が多いタンパク質である。よって，アルブミンは，
アミノ酸に分類されないので，**1** が該当する。

(正 解) **1**

------ (問) **25** ------

次の基礎物理定数とその単位の組合せの中から，誤っているものを一つ選べ。

1　プランク定数　　　$J\,kg^{-1}$

2　アボガドロ定数　　mol^{-1}

3　気体定数　　　　　$J\,K^{-1}mol^{-1}$

4　ボルツマン定数　　$J\,K^{-1}$

5　電気素量　　　　　C

(題 意) 基礎物理定数の単位について基礎知識を問う。

(解 説) プランク定数 (Planck constant) は，光子のもつエネルギーと振動数の比
例関係をあらわす比例定数のことであり，SI における単位はジュール秒 (記号：$J\,s$)
である。プランク定数は 2019 年 5 月に定義定数となり，正確に $6.626\,070\,15 \times 10^{-34}\,J\,s$
と定義された。よって，**1** の単位は誤りである。

アボガドロ定数 (Avogadro constant) N_A は，物質量 1 mol を構成する粒子 (分子，原
子，イオンなど) の個数を示す定数である。SI における物理量の単位モル (mol) の定
義に使用され，2019 年 5 月 20 日以降，その値は正確に $6.022\,140\,76 \times 10^{23}\,mol^{-1}$ と定
義されている。アボガドロ定数を単位 mol^{-1} で表したときの数値は，アボガドロ数と
呼ばれる。よって，**2** の単位は正しい。

気体定数 (gas constant) は，理想気体の状態方程式における定数として導入される
物理定数である。理想気体だけでなく，実在気体や液体における量を表すときにも用
いられる。モル気体定数は，ボルツマン定数 k_B とアボガドロ定数 N_A の積である。し
たがって，2019 年 5 月 20 日に発効した SI の再定義によって，ボルツマン定数もアボ
ガドロ定数も定義定数となったので，モル気体定数も定義定数であり，正確に

$$1.380\,649 \times 10^{-23}\,J\,K^{-1} \times 6.022\,140\,76 \times 10^{23}\,mol^{-1}$$

$$= 8.314\,462\,618\,153\,24\,J\,K^{-1}mol^{-1}$$

である。よって，**3** の単位は正しい。

ボルツマン定数（Boltzmann constant）k_B は，統計力学において，状態数とエントロピーを関係付ける物理定数である。ボルツマンの原理において，エントロピー S は定まったエネルギー（および物質量や体積などの状態量）の下で取りうる状態の数 W の対数に比例する。これを式 (1) で表したときの比例係数 k がボルツマン定数である。

$$S = k \ln W \tag{1}$$

ボルツマン定数はエントロピーの次元をもち，熱力学温度をエネルギーに関係付ける定数として位置付けられる。ボルツマン定数は 2019 年 5 月に定義定数となり，正確に $1.380\,649 \times 10^{-23}\,\mathrm{J\,K^{-1}}$ と定義されている。よって，**4** の単位は正しい。

電気素量（elementary charge）は，電気量の単位となる物理定数である。陽子あるいは陽電子 1 個の電荷に等しく，電子の電荷の符号を変えた量に等しい。一般に記号 e で表される。原子核物理学や化学では粒子の電荷を表すために用いられる。電気素量の SI による値は，2019 年 5 月 20 日に定義定数となり，正確に

$$e = 1.602\,176\,634 \times 10^{-19}\,\mathrm{C}$$

と定義されている。よって，**5** の単位は正しい。

［正 解］　**1**

1.2 **第72回**（令和3年12月実施）

---- 問 1 ----

環境基本法第1条（目的）の記述の（ア）～（オ）に入る語句のうち，誤っているものを一つ選べ。

第1条　この法律は，環境の保全について，　（ア）　，並びに国，地方公共団体，事業者及び国民の責務を明らかにするとともに，環境の保全に関する施策の　（イ）　ことにより，環境の保全に関する施策を　（ウ）　に推進し，もって　（エ）　の健康で文化的な生活の確保に寄与するとともに　（オ）　に貢献することを目的とする。

1　（ア）基本理念を定め

2　（イ）基本となる事項を定める

3　（ウ）総合的かつ計画的

4　（エ）現在及び将来の国民

5　（オ）国民の福祉

［題　意］　環境基本法第1条（目的）の規定内容について問う。

［解　説］　環境基本法第1条には，「この法律は，環境の保全について，(ア)基本理念を定め，並びに国，地方公共団体，事業者及び国民の責務を明らかにするとともに，環境の保全に関する施策の (イ)基本となる事項を定めることにより，環境の保全に関する施策を (ウ)総合的かつ計画的に推進し，もって (エ)現在及び将来の国民の健康で文化的な生活の確保に寄与するとともに (オ)人類の福祉に貢献することを目的とする。」と，本法の「目的」を明記して，立法趣旨を規定している。

よって，（オ）に入る語句は，国民の福祉ではなく人類の福祉であるので，**5** は誤りである。

［正　解］　**5**

----- 問 2 -----

大気汚染防止法第4条の記述の（ア）～（オ）に入る語句のうち，誤っている
ものを一つ選べ。

　第4条　都道府県は，当該都道府県の区域のうちに，その ［(ア)］ から判断し
　　て，［(イ)］又は［(ウ)］に係る前条第1項又は第3項の排出基準によつて
　　は，［(エ)］を保護し，又は［(オ)］を保全することが十分でないと認めら
　　れる区域があるときは，その区域におけるばい煙発生施設において発生す
　　るこれらの物質について，政令で定めるところにより，条例で，同条第1
　　項の排出基準にかえて適用すべき同項の排出基準で定める許容限度よりき
　　びしい許容限度を定める排出基準を定めることができる。

　1　（ア）自然的，社会的条件

　2　（イ）いおう酸化物

　3　（ウ）有害物質

　4　（エ）人の健康

　5　（オ）生活環境

　題 意　大気汚染防止法第4条の自動車排出ガスの物質名について問う。

　解 説　大気汚染防止法第4条には，「都道府県は，当該都道府県の区域のうち
に，その (ア) 自然的，社会的条件から判断して，(イ) ばいじん又は (ウ) 有害物質に係る前
条第1項又は第3項の排出基準によっては，(エ) 人の健康を保護し，又は (オ) 生活環境
を保全することが十分でないと認められる区域があるときは，その区域におけるばい
煙発生施設において発生するこれらの物質について，政令で定めるところにより，条
例で，同条第一項の排出基準にかえて適用すべき同項の排出基準で定める許容限度よ
りきびしい許容限度を定める排出基準を定めることができる。」と規定されている。こ
れは，有害物質に係る法第3条第1項の排出基準にかえて適用する排出基準（「上のせ
排出基準」という。）を定めたものである。

　よって，（イ）に入る語句は，いおう酸化物ではなく，ばいじんであるので **2** は誤り
である。

　正 解　**2**

---- 問 3 ----

大気汚染防止法第5条の3で定める「指定ばい煙総量削減計画」について，都道府県知事が「指定ばい煙総量削減計画」を定めようとするとき，あらかじめ，環境大臣に協議しなければならない項目を，次の中から一つ選べ。

1　当該指定地域における事業活動その他の人の活動に伴って発生し，大気中に排出される当該指定ばい煙の総量

2　当該指定地域におけるすべての特定工場等に設置されているばい煙発生施設において発生し，排出口から大気中に排出される当該指定ばい煙の総量

3　当該指定地域における事業活動その他の人の活動に伴つて発生し，大気中に排出される当該指定ばい煙について，大気環境基準に照らし環境省令で定めるところにより算定される総量

4　計画の達成の期間

5　計画の達成の方途

[題意]　大気汚染防止法第5条の3で規定する，都道府県知事が「指定ばい煙総量削減計画」を定める場合の協議項目を問う。

[解説]　第5条の2（総量規制基準）には，「都道府県知事は，工場又は事業場が集合している地域で，第3条第1項若しくは第3項又は第4条第1項の排出基準のみによっては環境基本法第16条第1項の規定による大気の汚染に係る環境上の条件についての基準（次条第1項第三号において「大気環境基準」という。）の確保が困難であると認められる地域としていおう酸化物その他の政令で定めるばい煙（以下「指定ばい煙」という。）ごとに政令で定める地域（以下「指定地域」という。）にあっては，当該指定地域において当該指定ばい煙を排出する工場又は事業場で環境省令で定める基準に従い都道府県知事が定める規模以上のもの（以下「特定工場等」という。）において発生する当該指定ばい煙について，指定ばい煙総量削減計画を作成し，これに基づき，環境省令で定めるところにより，総量規制基準を定めなければならない。」と規定され，第5条の3（指定ばい煙総量削減計画）第1項および第3項には，「前条第1項の指定ばい煙総量削減計画は，当該指定地域について，第一号に掲げる総量を第三号に掲げる総量までに削減させることを目途として，第一号に掲げる総量に占める第二

号に掲げる総量の割合，工場又は事業場の規模，工場又は事業場における使用原料又は燃料の見通し，特定工場等以外の指定ばい煙の発生源における指定ばい煙の排出状況の推移等を勘案し，政令で定めるところにより，第四号から第六号までに掲げる事項を定めるものとする。この場合において，当該指定地域における大気の汚染及び工場又は事業場の分布の状況により計画の達成上当該指定地域を二以上の区域に区分する必要があるときは，第一号から第三号までに掲げる総量は，区分される区域ごとのそれぞれの当該指定ばい煙の総量とする。

一　当該指定地域における事業活動その他の人の活動に伴って発生し，大気中に排出される当該指定ばい煙の総量

二　当該指定地域におけるすべての特定工場等に設置されているばい煙発生施設において発生し，排出口から大気中に排出される当該指定ばい煙の総量

三　当該指定地域における事業活動その他の人の活動に伴って発生し，大気中に排出される当該指定ばい煙について，大気環境基準に照らし環境省令で定めるところにより算定される総量

四　第二号の総量についての削減目標量（中間目標としての削減目標量を定める場合にあっては，その削減目標量を含む。）

五　計画の達成の期間

六　計画の達成の方途」，

および「都道府県知事は，前条第一項の指定ばい煙総量削減計画を定めようとするときは，あらかじめ，第1項第四号及び第五号に係る部分について，環境大臣に協議しなければならない。」と規定されている。

したがって，都道府県知事は，指定ばい煙総量削減計画を定めようとするときは，あらかじめ，第二号の指定ばい煙の総量についての削減目標量および計画の達成の期間に係る部分について，環境大臣に協議しなければならない。

よって，**4**の記述内容が該当する。

[正解]　**4**

------ 問 4 --

水質汚濁防止法第1条（目的）の記述の（ア）～（オ）に入る語句のうち，誤っているものを一つ選べ。

第1条　この法律は，工場及び事業場から[　(ア)　]及び[　(イ)　]を規制するとともに，[　(ウ)　]を推進すること等によって，公共用水域及び地下水の水質の汚濁（水質以外の水の状態が悪化することを含む。以下同じ。）の防止を図り，もつて[　(エ)　]を保護するとともに[　(オ)　]を保全し，並びに工場及び事業場から排出される汚水及び廃液に関して人の健康に係る被害が生じた場合における事業者の損害賠償の責任について定めることにより，被害者の保護を図ることを目的とする。

1　（ア）公共用水域に排出される水の排出

2　（イ）地下に浸透する水の浸透

3　（ウ）生活排水対策の実施

4　（エ）国民の健康

5　（オ）自然環境

題意　水質汚濁防止法第1条（目的）に規定する内容について問う。

解説　第1条（目的）には，「この法律は，工場及び事業場から _(ア) 公共用水域に排出される水の排出及び _(イ) 地下に浸透する水の浸透を規制するとともに，_(ウ) 生活排水対策の実施を推進すること等によって，公共用水域及び地下水の水質の汚濁（水質以外の水の状態が悪化することを含む。以下同じ。）の防止を図り，もつて _(エ) 国民の健康を保護するとともに _(オ) 生活環境を保全し，並びに工場及び事業場から排出される汚水及び廃液に関して人の健康に係る被害が生じた場合における事業者の損害賠償の責任について定めることにより，被害者の保護を図ることを目的とする。」と規定されている。

よって，（オ）に入る語句は，自然環境ではなく，生活環境であるから**5**は誤りである。

正解　**5**

---- 問 5 ----

水質汚濁防止法第2条第2項第1号において，カドミウムその他の人の健康に係る被害を生ずるおそれがある物質として政令で定める物質（「有害物質」という。）に該当しない物質を，次の中から一つ選べ。

1 ヒドラジン

2 ベンゼン

3 ポリ塩化ビフェニル

4 トリクロロエチレン

5 ジクロロメタン

(題 意) 水質汚濁防止法第2条第2項第一号に規定されている有害物質に該当する項目内容について問う。

(解 説) 水質汚濁防止法第2条（定義）第2項第一号に「この法律において「特定施設」とは，次の各号のいずれかの要件を備える汚水又は廃液を排出する施設で政令で定めるものをいう。

一　カドミウムその他の人の健康に係る被害を生ずるおそれがある物質として政令で定める物質（以下「有害物質」という。）を含むこと。」と規定されており，水質汚濁防止法施行令第2条（カドミウム等の物質）には，「法第2条第2項第一号の政令で定める物質は，次に掲げる物質とする。

1　カドミウム及びその化合物

2　シアン化合物

3　有機燐化合物（ジエチルパラニトロフエニルチオホスフエイト（別名パラチオン），ジメチルパラニトロフエニルチオホスフエイト（別名メチルパラチオン），ジメチルエチルメルカプトエチルチオホスフエイト（別名メチルジメトン）及びエチルパラニトロフエニルチオノベンゼンホスホネイト（別名EPN）に限る。）

4　鉛及びその化合物

5　六価クロム化合物

6　砒素及びその化合物

7　水銀及びアルキル水銀その他の水銀化合物

8　ポリ塩化ビフェニル

9　トリクロロエチレン

10　テトラクロロエチレン

11　ジクロロメタン

12　四塩化炭素

13　1・2-ジクロロエタン

14　1・1-ジクロロエチレン

15　1・2-ジクロロエチレン

16　1・1・1-トリクロロエタン

17　1・1・2-トリクロロエタン

18　1・3-ジクロロプロペン

19　テトラメチルチウラムジスルフイド（別名チウラム）

20　2-クロロ-4・6-ビス（エチルアミノ）-s-トリアジン（別名シマジン）

21　S-4-クロロベンジル=N・N-ジエチルチオカルバマート（別名チオベンカルブ）

22　ベンゼン

23　セレン及びその化合物

24　ほう素及びその化合物

25　ふっ素及びその化合物

26　アンモニア，アンモニウム化合物，亜硝酸化合物及び硝酸化合物

27　塩化ビニルモノマー

28　1・4-ジオキサン」と規定されている。

よって，**1**のヒドラジンは有害物質の項目に該当しない。

（**正解**）　**1**

------- 問 **6** -------

　水素ガスを封入したガラス管内で放電を行うと，水素原子の発光スペクトルが得られる。これは離散的な波長の一連の線スペクトルからなり，その線スペクトルの波長 λ (m) は以下の式で与えられることが知られている。

$$\frac{1}{\lambda} = R\left(\frac{1}{n_1{}^2} - \frac{1}{n_2{}^2}\right) \quad R：リュードベリ定数(\mathrm{m}^{-1})$$

ここで，$n_1 = 1$（ライマン系列），$n_1 = 2$（バルマー系列），$n_1 = 3$（パッシェン系列）であり，それぞれの場合について $n_2 = n_1 + 1$，$n_1 + 2$，…… である。今，簡単のためリュードベリ定数を $R = 1.0 \times 10^7\,\text{m}^{-1}$ としたとき，ライマン系列の最長波長（nm）は幾らか。次の中から最も近いものを一つ選べ。

1　100 nm

2　130 nm

3　400 nm

4　720 nm

5　900 nm

〔題 意〕　四つの量子数について基礎知識を問う。

〔解 説〕　リュードベリ方程式のライマン系列に対応する形は次式のとおりである。

$$\frac{1}{\lambda} = R\left(\frac{1}{n_1^2} - \frac{1}{n_2^2}\right), \qquad R = 1.0 \times 10^{-7}\ [\text{m}^{-1}]$$

n_2 は，2 以上の自然数である（$n_2 = 2$, 3, 4, …）。

$n_2 = 2$ から大きくなるにしたがって，右辺の項は大きくなるので，対応するスペクトル線の波長は短くなる。また，n が大きくなって波長が短くなるとその間隔は狭くなっていく。

よって，ライマン系列の波長が最も長くなるのは，$n_1 = 1$，$n_2 = 2$ のときである。そのときの波長は

$$\frac{1}{\lambda} = 1.0 \times 10^{-7}\,\text{m}^{-1}\left(\frac{1}{1^2} - \frac{1}{2^2}\right) = 0.75 \times 10^{-7}\ [\text{m}^{-1}]$$

$$\therefore\ \lambda = 133 \times 10^{-9}\ [\text{m}] = 133\ [\text{nm}]$$

である。よって，**2** の値が最も近い。

〔正 解〕　**2**

問 7

金属イオン M と錯形成剤 L は，水溶液中で可溶の錯体 ML を生成する。金属イオン M の水溶液（$0.02\,\text{mol L}^{-1}$）と錯形成剤 L の水溶液（$0.04\,\text{mol L}^{-1}$）を，同

体積ずつ混合した。混合後の平衡に達した水溶液中で，錯形成していない金属イオン M の濃度は幾らか。次の中から最も近いものを一つ選べ。

ただし，錯体 ML の安定度定数を $K = [ML] / ([M][L]) = 1 \times 10^{10} (mol\,L^{-1})^{-1}$ とし，この錯形成反応以外の反応は起こらないものとする。

1　$1 \times 10^{-2}\,mol\,L^{-1}$

2　$1 \times 10^{-5}\,mol\,L^{-1}$

3　$1 \times 10^{-8}\,mol\,L^{-1}$

4　$1 \times 10^{-10}\,mol\,L^{-1}$

5　$1 \times 10^{-12}\,mol\,L^{-1}$

題意　金属錯体の生成反応の平衡に関する基礎的な計算問題である。

解説　式 (1) のように錯体の生成反応を表した場合，この反応式の平衡定数を安定度定数という。安定度定数は，配位子と金属の結合の強さを表す尺度の一つである。

$$M + L \rightleftharpoons ML, \quad K = \frac{[ML]}{[M][L]} = 1 \times 10^{10} \tag{1}$$

例えば，0.02 mol/L の金属イオン M 溶液 0.5 L と 0.04 mol/L の錯形成剤 L 溶液 0.5 L を混合したとき（混合後の体積は 1 L），x〔mol〕の金属イオン M が未反応として残った場合，式 (2) に示すように，安定度定数 K にこの関係を当てはめて，近似式を用いて解くと未反応の金属イオンの濃度を求めることができる。

$$K = \left(\frac{0.01〔mol〕 - x〔mol〕}{x〔mol〕 \cdot (0.02〔mol〕 - (0.01〔mol〕 - x〔mol〕))} \right) = 1 \times 10^{-10} \tag{2}$$

$0.01 \pm x \cong 0.01 \quad \because \quad 0.01 \gg x$

$\therefore \quad \dfrac{0.01}{x \cdot (0.01)} = 1 \times 10^{10}, \quad x = 1 \times 10^{-10}〔mol/L〕$

金属イオン M の濃度：

$$\frac{1 \times 10^{-10}〔mol〕}{1〔L〕} = 1 \times 10^{-10}〔mol/L〕$$

よって，**4** の値が最も近い。

正解　4

---- 問 8 ----

水溶液中の酢酸の酸解離定数を $K_a = 2 \times 10^{-5}$ $(\mathrm{mol\,L^{-1}})$ とするとき，その共役塩基である酢酸イオンの塩基解離定数 K_b は幾らか。次の中から最も近いものを一つ選べ。ただし，このときの水のイオン積を $K_w = [\mathrm{H^+}][\mathrm{OH^-}] = 1 \times 10^{-14}$ $(\mathrm{mol\,L^{-1}})^2$ とする。

1　5×10^{-5} $(\mathrm{mol\,L^{-1}})$

2　5×10^{-7} $(\mathrm{mol\,L^{-1}})$

3　5×10^{-10} $(\mathrm{mol\,L^{-1}})$

4　5×10^{-13} $(\mathrm{mol\,L^{-1}})$

5　5×10^{-15} $(\mathrm{mol\,L^{-1}})$

［題意］　弱酸の酸解離定数と水のイオン積からその共役塩基の塩基解離定数を求める基礎的な計算問題である。

［解説］　弱酸の酸解離定数，その共役塩基の塩基解離定数および水のイオン積の間には，式 (1) ～ (4) の関係が成立する。この関係式 (4) から，設問の数値を代入して，共役塩基の塩基解離定数を求めることができる。

$$K_a = \frac{[\mathrm{H^+}][\mathrm{CH_3COO^-}]}{[\mathrm{CH_3COOH}]} \tag{1}$$

$$K_b = \frac{[\mathrm{CH_3COOH}][\mathrm{OH^-}]}{[\mathrm{CH_3COO^-}]} \tag{2}$$

$$K_w = [\mathrm{H^+}][\mathrm{OH^-}] \tag{3}$$

$$\therefore\quad K_a \cdot K_b = K_w \tag{4}$$

$$K_b = \frac{K_w}{K_a} = \frac{1 \times 10^{-14}\,\mathrm{mol^2\,L^{-2}}}{2 \times 10^{-5}\,\mathrm{mol\,L^{-1}}} = 5 \times 10^{-10}\,\mathrm{mol\,L^{-1}}$$

よって，**3** の値が最も近い。

［正解］　**3**

---- 問 9 ----

塩素のオキソ酸である $HClO_2$，$HClO_3$，$HClO_4$ について，酸強度の大小関係として，正しいものを一つ選べ。

1 $HClO_2 > HClO_3 > HClO_4$

2 $HClO_2 > HClO_3 = HClO_4$

3 $HClO_2 = HClO_3 = HClO_4$

4 $HClO_2 < HClO_3 = HClO_4$

5 $HClO_2 < HClO_3 < HClO_4$

[題 意] 塩素のオキソ酸の酸性度について基礎知識を問う。

[解 説] 非金属元素の酸化物は，酸素との共有結合により生じる。その酸化物の多くは水と反応して酸を生じて酸性を示すので酸性酸化物である。この場合，酸は分子内に酸素 O 原子を含んでおり，このような酸をオキソ酸（酸素酸）という。酸素原子は電気陰性度が低く，電子を引き寄せて，各 O－H 結合を弱くするので，オキソ基（＝O）の数が多くなるほどプロトンの放出が容易になり，酸性度が増大する。また，Pauling の規則 1 において，$EO_p(OH)_q$ において，q の数が多くなればなるほど，共役塩基の共鳴構造式が多く描けるので，共役塩基の安定性が増大する。すなわち，オキソ基（＝O）の数の増大に伴い，オキソ酸の酸の強さは増大する。例えば，塩素 Cl を含むオキソ酸を強い順に並べると**表**のようになる。

表 塩素のオキソ酸の酸性度

化学式および名称	酸性度 pK_a
過塩素酸：$HClO_4$	約 -8.6
塩素酸：$HClO_3$	約 -1
亜塩素酸：$HClO_2$	2.36
次亜塩素酸：$HClO$	7.53

よって，**5** が正しい。

[正 解] **5**

---- 問 10 ----

アルカリ金属（M ＝ Li, Na, K, Rb, Cs）において，次の半反応式

$$M^+ + e^- \rightarrow M$$

に対応する標準電極電位（25℃，pH ＝ 0 の水溶液中，標準水素電極基準）は，それぞれ $-3.045\,V$，$-2.714\,V$，$-2.925\,V$，$-2.924\,V$，$-2.923\,V$ である。最も強い還元作用を示す元素として正しいものを一つ選べ。

1 Li

2 Na

3 K

4 Rb

5 Cs

[題 意] 標準電極電位と酸化・還元の関係について基礎知識を問う。

[解 説] 標準電極電位は標準水素電極の電位を基準（0 V）として表すので，標準水素電極と測定対象の電極を組み合わせて作った電池の標準状態における起電力は標準電極電位と等しい。このとき，標準水素電極の電極反応は酸化反応（アノード反応）として表すことになっているので，測定対象電極の電極反応はすべて還元反応（カソード反応：$M^+ + e^- \rightarrow M$）還元半反応式として表現される。

半反応式の式量電極電位は，ネルンスト式における活量の代わりに，モル濃度を用いてネルンスト式と同じ形式で表して定義したときの値（$E_0{}'$）である。

電極反応 $O_x + n e^- \rightleftarrows R_{ed}$ において，電気活性物質 O_x，R_{ed} のモル濃度をそれぞれ C_{Ox}，C_{Red} とし，気体定数を R，ファラデー定数を F，絶対温度を T とすれば，平衡電位 E は次式で表す。

$$E = E_0{}' + (RT/nF)\ln(C_{Ox}/C_{Red})$$

この値は，溶液のイオン強度によって変化するので，見かけの電位ともいう。

一般に，標準電極電位の値が大きいほど酸化数の高い酸化体が電子を受け取りやすいので，酸化力が強いといえる。反対に，標準電極電位の値が小さいほど酸化数の低い還元体が電子を出しやすいので，還元されやすい。すなわち，標準電極電位の大きい半反応式と小さい半反応式を組み合わせると起電力の大きい電池を構成できる。

よって，設問のアルカリ金属の中で，最も強い還元作用を示すのは，標準電極電位

の値が最も小さい Li リチウムであるので，**1** が該当する。

[正 解] **1**

---- 問 **11** ----

黄りん P_4 は，下図に示すような四面体型の分子構造をもつ。

黄りん P_4 を原子化する過程 $\frac{1}{4}P_4\,(g) \rightarrow P(g)$ に対応するりんの原子化エンタルピーは幾らか。次の中から最も近いものを一つ選べ。ただし，$P-P$ 結合の結合解離エンタルピーは $200\,kJ\,mol^{-1}$ である。

1 $50\,kJ\,mol^{-1}$

2 $100\,kJ\,mol^{-1}$

3 $200\,kJ\,mol^{-1}$

4 $300\,kJ\,mol^{-1}$

5 $400\,kJ\,mol^{-1}$

[題 意] 結合解離エンタルピーと原子化エンタルピーの関係について，基礎的な知識を問う。

[解 説] 原子化エンタルピーは，化学物質（化学元素または化合物）内のすべての原子の完全な分離に伴うエンタルピーの変化であり，記号 $\Delta_{at}H$ または ΔH_{at} で表され，原子化エンタルピーは常に正である。二原子元素がガス状原子に変換される場合，標準のエンタルピー変化は純粋に 1 mol のガス状原子の生成に基づいているため，必要な分子は 0.5 mol のみである。黄りんの結合解離エンタルピーは，りん P が四原子元素で構成され，$P-P$ 結合が全部で 6 個あるため，結合解離エンタルピーは $P-P$ 結合の結合解離エンタルピー $200\,kJ\,mol^{-1}$ の 6 倍の $1\,200\,kJ\,mol^{-1}$ である。よって，黄りん一原子の原子化エンタルピーは，結合解離エンタルピーの 1/4 である $300\,kJ\,mol^{-1}$ に相当する。よって，**4** が該当する。

[正 解] **4**

------ 問 12 ------

次の有機化合物（ア）～（ウ）について，20℃の水に対する溶解度の大小関係として，正しいものを **1** ～ **5** の中から一つ選べ。

　　（ア）ペンタン　　（イ）1-ペンタノール　　（ウ）ヘキサン

　1　（ア）＞（ウ）＞（イ）

　2　（イ）＞（ア）＞（ウ）

　3　（イ）＞（ウ）＞（ア）

　4　（ウ）＞（ア）＞（イ）

　5　（ウ）＞（イ）＞（ア）

〔題　意〕　有機化合物の水に対する溶解度について基礎知識を問う。

〔解　説〕　一般に，極性分子は極性溶媒である水に溶け，無極性分子は無極性溶媒であるジエチルエーテルやベンゼンなどの有機溶媒に溶ける。アルカン，アルケン，アルキンはいずれも極性がきわめて小さい分子のため，極性溶媒である水にはほとんど溶けず，無極性溶媒であるジエチルエーテルなどの有機溶媒にはよく溶ける。水に溶けるとは，溶質が水素結合や溶質の粒子が水分子によって取り囲まれる水和によって水分子と均一に混じり合うことである。水分子は，折れ線構造で，水素原子が正の電荷，酸素原子が負の電荷を帯びた極性分子のため，極性分子とはお互いが電気的に引き合って水和する。しかし，無極性分子は電荷を帯びていないため，水分子とは電気的に引き合わず水和しない。

　ヒドロキシ基 $-OH$ のように極性をもち，水和されやすい基を親水基，一方，炭化水素基 $-C_mH_n$ のように極性をもたず，水和されにくい基を疎水基という。疎水基は，炭素数が多くなるに従い強くなり，疎水性が増すので，水に溶けにくくなる。よって，設問のヘキサンは，ペンタンより溶解性が低い。アルコール類は，ヒドロキシ基 $-OH$ が水と水素結合をするため，炭素数が3個までは水によく溶けるが，炭素数が多くなるにつれて疎水基の割合が多くなり水に溶けにくくなる。よって，設問のペンタンは，1-ペンタノールより溶解性が低い。

　したがって，水に対する溶解性の大きい順は **2** が該当する。

〔正　解〕　**2**

------ 問 13 ------

　次の芳香族化合物について，濃硝酸と濃硫酸の混合物を用いてニトロ化反応を行ったとき，ベンゼンよりもニトロ化反応が進行しやすいものを一つ選べ。

1　トルエン

2　安息香酸

3　クロロベンゼン

4　ベンゾニトリル

5　ベンズアルデヒド

題意　芳香族化合物の求電子置換反応について基礎知識を問う。

解説　芳香環はπ電子が豊富であり，求電子試薬（E＋）と反応して，水素（H）と求電子試薬（E）が置換する求電子置換反応を起こす。芳香環の求電子置換反応の反応性について，すでに芳香環に置換基が導入されている芳香族化合物において，追加で芳香環に置換基を導入する際，既存の置換基の総合的な電子効果により，求電子置換反応の反応性が置換基のない芳香環との比較で相対的に高くなったり低くなったりする。これは，既存の置換基が芳香環に対して総合的に電子供与性電子効果を与える場合，芳香環の電子密度が高くなるので求電子置換反応の反応性が高くなる。一方，既存の置換基が芳香環に対して総合的に電子求引性電子効果を与える場合，芳香環の電子密度が低下するので求電子置換反応の反応性が低くなる。例えば，トルエンのようなアルキル基は前者に相当し反応性が高いが，カルボキシル基，ハロゲン基，ニトリル基，アルデヒド基などは，後者に相当し反応性が低い。

　また，反応性と並行して，芳香環の求電子置換反応の配向性についても重要である。すでに芳香環に置換基が導入されている芳香族化合物において，追加で芳香環に置換基を導入する際，既存の置換基の共鳴効果により，置換されやすい環の位置が決まる。これを配向性という。既存の置換基の電子効果により，オルト位およびパラ位が置換されやすくなることをオルト・パラ配向性と呼び，メタ位が置換されやすくなることをメタ配向性と呼ぶ。求電子置換反応の配向性は主に置換基の共鳴効果による。既存の置換基が電子供与性共鳴効果（＋R）を与える場合，相対的にオルト位とパラ位の電子密度が高くなるため，求電子置換反応はオルト・パラ配向性となる。また，この場

合，オルト位とパラ位に置換した生成物はメタ位に置換した生成物に比べて共鳴構造式が多く描けるので，生成物の安定性の点からもオルト・パラ配向性となる。設問の既存の芳香族置換基について，芳香環の求電子置換反応の反応性および配向性をまとめたものを**表**に示す。

表 既存の芳香族置換基が与える求電子置換反応の反応性および配向性

既存の芳香族置換基の種類	反応性および配向性の説明
アルキル基	芳香環に直接結合するアルキル基の炭素の C－H 結合の電子が共鳴して芳香環に供与される（超共役）。超共役によりアルキル基置換の場合，オルト・パラ配向性となる。反応性について，アルキル基は芳香環に対して誘起効果と超共役による電子供与性電子効果を与えるので，反応性が高くなる。
ハロゲン基	ハロゲンが持つ非共有電子対が共鳴効果で供与されるため（電子供与性共鳴効果），オルト・パラ配向性となる。反応性について，芳香環には総合的に電子求引性電子効果を与えるので，反応性が低くなる。ハロゲンは芳香環に対して電子供与性の共鳴効果（＋R）と電子求引性の誘起効果（－I）を与えるが，ハロゲンでは －I のほうが ＋R よりも強いため，結果として，芳香環に対して電子求引性の電子効果を与えることになる。
O，N の不飽和結合を含む官能基	O，N の不飽和結合を含む官能基として下記が挙げられる。 －NO_2（ニトロ基） －COOH（カルボキシ基） －COOR（エステル） －CO－N－（アミドのカルボニル側） －CO－（アルデヒド，ケトン） －CN（シアノ基） －SO_2R（スルホ基） 配向性について，O や N の不飽和結合を含む官能基は電子求引性共鳴効果を与えるので，メタ配向性となる。メタ配向性は，O や N の不飽和結合を含む官能基だけである。反応性について，O や N の不飽和結合を含む官能基は芳香環に対して誘起効果と共鳴効果のどちらも電子求引性電子効果を与えるので，反応性が低くなる。

よって，**1**のトルエンがベンゼンよりニトロ化反応が進行しやすい。

[正 解]　**1**

-------- 問 14 --------

アセトアルデヒドと水酸化ナトリウムを水とエタノールの混合溶媒中室温
（25 ℃）で長時間反応させたところ，アセトアルデヒドの自己縮合体が主生成物
として得られた。この構造式として正しいものを一つ選べ。

1 $CH_3-CH_2-CH_2-CH=O$

2 $\begin{matrix} H \\ \diagdown \\ CH_3 \end{matrix} C = C \begin{matrix} CH-O \\ \diagup \\ H \end{matrix}$

3 $\begin{matrix} H \\ \diagdown \\ CH_3 \end{matrix} C = C \begin{matrix} CH_2-OH \\ \diagup \\ H \end{matrix}$

4 $CH_3-C \equiv C-CH=O$

5 $CH_3-C \equiv C-CH_2-OH$

題意 アルドール縮合反応について基礎知識を問う。

解説 2 分子のアルデヒドまたはケトンを塩基の触媒作用によって重合させ，β-
ヒドロキシアルデヒドまたはβ-ヒドロキシケトンを生成する。このβ-ヒドロキシカ
ルボニル化合物を一般にアルドール類という。アルドール生成物は，加熱や酸，塩基
などの作用で脱水反応を起こして，不飽和化合物となりやすいので，これまでを含め
てアルドール縮合反応という。アセトアルデヒドの場合，**図**のように反応して，自己
縮合体であるクロトンアルデヒドを生成する。

このアルドールを還元すれば 1,3-β ブタンジオールとなり，それを脱水すればブタ
ジエンとなる。また，クロトンアルデヒドを還元すれば，n-ブチルアルデヒドあるい
は n-ブチルアルコールとなる。

よって，アセトアルデヒドの自己縮合体であるクロトンアルデヒドは **2** が該当する。

アセトアルデヒド（R^1, R^2=H）

塩基性条件

β-ヒドロキシルアルデヒド

クロトンアルデヒド（R^1, R^2=H）

図　アセトアルデヒドのアルドール縮合反応

【正解】　2

―― 問 15 ――――――――――――――――――――――――――

27℃の一定温度において，1 mol の理想気体を圧縮して 1 atm から 10 atm に変化させたとき，この気体の自由エネルギー変化 ΔG は幾らか。次の中から最も近いものを一つ選べ。ただし，気体の体積を V とすると，温度一定の条件で圧力を p_1 から p_2 に変化させたときの ΔG は次式で与えられる。

$$\Delta G = \int_{p_1}^{p_2} V dp$$

また，気体定数 R は 8.31 JK^{-1}mol^{-1}，ln 10 = 2.30 とする。

1　83.1 J

2　202 J

3　636 J

4　1.08 kJ

5　5.73 kJ

――――――――――――――――――――――――――――――――

【題意】　理想気体の状態方程式を用いて，気体の自由エネルギー変化を求める基礎的な計算問題である。

〔解 説〕 気体の体積を V，気体の温度を T（一定），気体定数を R として，圧力を p_1〔Pa〕（p'_1〔atm〕）から p_2〔Pa〕（p'_2〔atm〕）に変化させたときの ΔG は，式（1）で求められ，設問の条件を当てはめると，ΔG を求めることができる。

$$\Delta G = \int_{p_1}^{p_2} V dp = nRT \int_{p_1}^{p_2} \frac{1}{p} dp = nRT \int_{k \cdot p'_1}^{k \cdot p'_2} \frac{1}{p} dp$$

$$= nRT [\ln p]_{k \cdot p'_1}^{k \cdot p'_2} = nRT (\ln k \cdot p'_2 - \ln k \cdot p'_1)$$

$$= nRT (\ln p'_2 - \ln p'_1)$$

$$= 1〔\text{mol}〕\times 8.31〔\text{J K}^{-1}\text{mol}^{-1}〕\times (273 + 27)〔\text{K}〕\times (\ln 10 - \ln 1)$$

$$= 5.73 \times 10^3 = 5.73〔\text{kJ}〕 \tag{1}$$

よって，**5** の数値が最も近い。

〔正 解〕 **5**

-------- **〔問〕16** --------

金属イオンとして Ag^+，Ba^{2+}，Cu^{2+}，Pb^{2+}，Fe^{3+} のみを含む混合水溶液から各金属イオンを分離・確認するため，（ア）〜（ウ）の操作を順に行った。このとき，（ウ）のろ液に最も多く分離される金属イオンとして正しいものを **1** 〜 **5** の中から一つ選べ。

（ア）混合水溶液に塩酸を加え，新たな沈殿が生じなくなったらろ別する。

（イ）（ア）のろ液に硫酸を加え，新たな沈殿が生じなくなったらろ別する。

（ウ）（イ）のろ液に過剰のアンモニア水を加え，生じた沈殿をろ別する。

1　Ag^+

2　Ba^{2+}

3　Cu^{2+}

4　Pb^{2+}

5　Fe^{3+}

〔題 意〕 沈殿生成反応について基礎知識を問う。

〔解 説〕 沈殿が生成するのは，正負のイオンが互いに強く引き合って，不溶性のイオン性固体を生成するためである。あるイオンの組合せが水に不溶性の化合物を作

るかは，イオン性化合物の溶解度に依存する。イオン性化合物の溶解度には明確な法則はないが，経験的な指針がある。以下に一般的な経験則を挙げるとともに代表的なイオン結晶の溶解性を**表**に示す。

① F^- を除くハロゲン化物イオン（Cl^-・Br^-・I^-）は，Ag^+・Pb^{2+}・Hg_2^{2+} とは沈殿する。

② SO_4^{2-} は，アルカリ土類金属イオン（Ca^{2+}・Sr^{2+}・Ba^{2+}）や Pb^{2+} とは沈殿する。

③ CO_3^{2-}・SO_3^{2-}・$C_2O_4^{2-}$・PO_4^{3-}・CrO_4^{2-}（多価の弱酸のイオン）の塩は，アルカリ金属イオンと NH_4^+ 以外とはほとんど沈殿する。

④ OH^- と O^{2-} の化合物（塩基と金属酸化物）は，イオン化傾向 Mg 以下の金属とはほとんど沈殿する。

⑤ S^{2-} と沈殿するか否かは，溶液の pH によって決まり，K^+，Ca^{2+}，Na^+，Mg^{2+}，Al^{3+} は，ほとんどの液性で沈殿しないが，Zn^{2+}，Fe^{2+}，Ni^{2+}，Mn^{2+} は，中性から塩基性で沈殿し，Sn^{2+}，Pb^{2+}，Cu^{2+}，Hg^{2+}，Ag^+，Cd^{2+} は，ほとんどの液性で沈殿する。

⑥ NO_3^-・CH_3COO^-・HCO_3^-・$H_2PO_4^-$・アルカリ金属イオン（Na^+ や K^+ など）・NH_4^+ の塩は，沈殿しにくい。

表　代表的なイオン結晶の溶解性

	NH_4^+	K^+	Ca^{2+}	Na^+	Mg^{2+}	Al^{3+}	Zn^{2+}	Fe^{2+}	Fe^{3+}	Ni^{2+}	Sn^{2+}	Pb^{2+}	Cu^{2+}	Hg^{2+}	Hg_2^{2+}	Ag^+
$CH_3CO_2^-$	○	○	○	○	○	○	○	○	○	○	○	○	○	○	○	○
NO_3^-	○	○	○	○	○	○	○	○	○	○	○	○	○	○	○	○
SO_4^{2-}	○	○	↓	○	○	○	○	○				↓	○			△
I^-	○	○	○	○	○	○	○	○		○		↓	○	○	↓	↓
Br^-	○	○	○	○	○	○	○	○		○		↓	○	○	↓	↓
Cl^-	○	○	○	○	○	○	○	○		○		↓	○	○	↓	↓
CO_3^{2-}	○	○	↓	○	↓		↓					↓	↓	↓		↓
S^{2-}（酸性）	○	○	○	○	○	○				○	↓	↓	↓	↓		↓
S^{2-}（中性～塩基性）	○	○	○	○	○	○	↓	↓		↓	↓	↓	↓	↓		↓
PO_4^{3-}	○	○	↓	○	↓		↓					↓	↓	↓		↓
OH^-	○	○	○	○	↓	↓	↓	↓	↓	↓	↓	↓	↓	↓		↓＊

本表では，溶解度が 0.01 mol/L より小さい物質（不溶性）には↓を，溶解度が 0.1 mol/L 以下で 0.01 mol/L 以上の物質には △ を，溶解度が 0.1 mol/L 以上の物質には○を記載した。

＊：銀（Ⅰ）イオン Ag^+ と水酸化物イオン OH^- の反応では，生成する水酸化銀（Ⅰ）AgOH は不安定であり，酸化銀（Ⅰ）Ag_2O ↓となり沈殿する。

以上の経験則を基にして，設問の化学反応により生成すると考えられる結晶塩を考察すると，（ア）の反応では，① により塩化銀や塩化鉛が沈殿する。（イ）の反応では，② により，硫酸バリウムや硫酸鉛が沈殿する。（ウ）の反応では，水酸化鉄（Ⅲ）や水酸化銅（Ⅱ）が沈殿する。銅（Ⅱ）イオンにアンモニア水を加えるとゲル状の水酸化銅の青白沈殿が生じるが，さらに，アンモニア水を過剰に加えると沈殿が溶け，濃青色透明の錯イオンであるテトラアンミン銅（Ⅱ）イオン $[Cu(NH_3)_4]^{2+}$ を生じて，溶解する。しかし，水酸化鉄は錯イオンを形成しない。よって，沈殿物を除去したろ液には，銅イオン（Cu^{2+}）が含まれていると考えられるので **3** が該当する。

[正 解] 3

---- [問] 17 ----

Fe^{3+} を触媒に用いた過酸化水素の分解反応により，質量分率 16 ％の過酸化水素水溶液は反応開始 100 秒後に 8％へと質量分率が減少した。この反応が一次反応で進行する場合，16 ％の質量分率が 1 ％になるのは反応開始から何秒後か。次の中から最も近いものを一つ選べ。ただし，$\ln 2 = 0.693$ とする。

1 188 秒

2 277 秒

3 400 秒

4 577 秒

5 1 100 秒

[題 意] 一次反応の速度式を使った基礎的な計算問題である。

[解 説] 一次反応の積分型速度式は，式 (1) で表される。ここで，C_{A0} は過酸化水素の初濃度，C_A は t 秒後の過酸化水素の濃度，k_1 は反応速度定数であり，温度一定で定数である。t 秒後に C_A が 0.01％になったとして，式 (1) に設問の条件を当てはめて t を求めると

$$\ln \frac{C_{A0}}{C_A} = k_1 \cdot t \tag{1}$$

$$k_1 = \frac{1}{100\,\mathrm{s}} \cdot \ln\frac{0.16\%}{0.08\%} = \frac{1}{t\,\mathrm{s}} \cdot \ln\frac{0.16\%}{0.01\%}$$

$$\therefore\quad \frac{1}{100\,\mathrm{s}} \cdot \ln 2 = \frac{1}{t} \cdot \ln 2^4$$

$$t = 100 \times 4 = 400\,\mathrm{s}$$

となる。よって，**3** の値が最も近い。

(正解) **3**

問 18

下の図はある範囲での元素の原子番号と第一イオン化エネルギーとの関係を示す。①〜③ の位置に当てはまる元素の組合せとして，正しいものを次の中から一つ選べ。

	①	②	③
1	Li	Na	K
2	Be	Mg	Ca
3	C	Si	Ge
4	F	Cl	Br
5	Ne	Ar	Kr

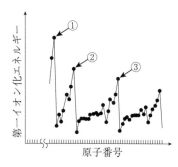

(題意) 原子番号と第一イオン化エネルギーの関係について基礎的な知識を問う。

(解説) 図に原子番号と第一イオン化エネルギーの関係を示す。

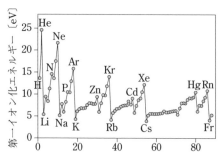

図　原子番号と第一イオン化エネルギーの関係

イオン化エネルギーは，原子，イオンなどから電子を取り去ってイオン化するために要するエネルギーであり，ある原子がその電子をどれだけ強く結び付けているのかを知ることができる。気体状態の単原子（または分子の基底状態）の中性原子から取り去る電子が1個目の場合を第一イオン化エネルギー（IE^1）（式 (1) 参照），2個目の電子を取り去る場合を第二イオン化エネルギー（IE^2）（式 (2) 参照），3個目の電子を取り去る場合を第三イオン化エネルギー（IE^3）（式 (3) 参照）…という。単にイオン化エネルギーといった場合，第一イオン化エネルギーのことをいう。原子番号順の第1イオン化エネルギーは，アルカリ金属で最も小さく，貴ガスで最も大きくなる周期的な変化が見られる。

$$M(g) \longrightarrow M^+(g) + e^{-1} \qquad IE^1 \tag{1}$$

$$M^+(g) \longrightarrow M^{2+}(g) + e^{-1} \qquad IE^2 \tag{2}$$

$$M^{2+}(g) \longrightarrow M^{3+}(g) + e^{-1} \qquad IE^3 \tag{3}$$

設問の図に示された ①〜③ は，いずれも第一イオン化エネルギーが周期的にピークの頂点になっているので，貴ガスであることが分かる。① と ② の原子番号の差は8，② と ③ の原子番号の差は，18であることから，① は原子番号 10 の Ne（ネオン），② は原子番号 18 の Ar（アルゴン），③ は原子番号 36 の Kr（クリプトン）である。

よって，**5** の記載内容が該当する。

〔正 解〕　**5**

------- 問 19 -------

アルミニウム，銅などの金属結晶は，図に示す面心立方格子構造をとる。この単位格子中に含まれる原子数として，正しいものを次の中から一つ選べ。

1　1

2　2

3　4

4　8

5　14

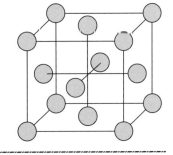

【題 意】 面心立方格子の単位格子中に含まれる原子数について基礎知識を問う。

【解 説】 図に面心立方格子構造を示す。単位格子に含まれる粒子の数は，1/8 割球が上下の面に計 8 個あり，1/2 割球が立方体の 6 面の中央に計 6 個ある。これらを合計すると全部で 4 個（$1/8 \times 8 + 1/2 \times 6 = 4$）になる。

よって，**3** の数値が該当する。

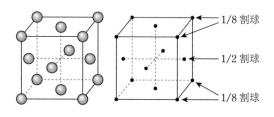

図　面心立方格子構造

【正 解】 3

【問】20

下図のように波長 λ の X 線が面間隔 d の結晶に角度 θ で入射するとき，X 線が回折する条件は，以下の式で与えられる。

$$2d \sin\theta = n\lambda$$

ただし，n は自然数とする。回折に関する次の記述の中から，誤っているものを一つ選べ。

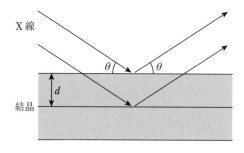

1　回折はX線以外の電磁波にも共通して生じる現象である。

2　面間隔 d の結晶に連続した波長のX線（白色X線）を角度 θ で入射すると，角度 θ の方向には波長 λ のX線のみが回折し観測される。

3　結晶が同一組成で構造が異なる場合，回折角 θ の違いにより結晶構造の違いを区別できる。

4　温度変化により結晶の面間隔 d が広がると，波長 λ のX線の回折角 θ は大きくなる。

5　結晶内の不均一ひずみにより面間隔 d が僅かに変化した領域が混在すると，不均一なひずみが存在しない場合に比べて回折線幅が広がる。

［題 意］　ブラッグ（Bragg）の反射について基礎知識を問う。

［解 説］　X線回折分析は，試料（結晶性固体）にX線を照射したときのレイリー（Rayleigh）散乱による回折X線を測定して結晶構造に関する情報を得る。波長 λ のX線を結晶面に当てると第1格子面での反射IIのほかに第2格子面にも到達し，反射Iが起こる（**図1**参照）。この二つの反射波の間に干渉が生じる。二つの反射波が互いに波長 λ の整数倍だけ異なるとき，両波は強くなり反射強度が最大になる。この関係をブラッグの反射という。ブラッグの関係式から，原子間隔 d などを知ることができる。同一組成で，結晶構造が異なる場合，回折角の違いから原子間隔 d を求めることができるので，結晶構造の違いがわかる（**3**の記述内容は正しい）。X線の波長 λ が一定のとき，$\sin\theta$ と d は反比例の関係にある。よって，結晶の面間隔 d が大きくなると θ は小さくなる（**4**の記述内容は誤り）。

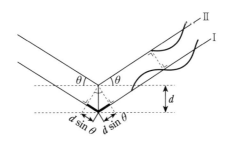

図1　ブラッグの反射の図

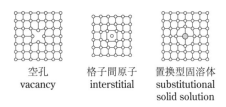

空孔　　　　　格子間原子　　置換型固溶体
vacancy　　　interstitial　　substitutional
　　　　　　　　　　　　　　solid solution

図 2　点欠陥の代表例

　ブラッグ反射の概念は，通常の結晶による X 線の反射について考えられたものであるが，コロイド結晶でも同等の現象が光の反射に対して起こっているので，同じくブラッグ反射と呼ぶ（**1** の記述内容は正しい）。

　ブラッグの関係式をつぎに示す。

$$n\lambda = 2d \sin \theta \tag{1}$$

ここで，λ：回折 X 線の波長，d：格子面間隔，n：正の整数，θ：Bragg 角である。

　式 (1) において，$n = 1$ のとき，角度 θ で入射すると波長 λ の X 線が回折して観測される（**2** の記述内容は正しい）。

　結晶構造の乱れにはいろいろな種類のものがあるが，代表的なものを**図 2**に示した。

　点欠陥が存在する場合には，欠陥の周囲では単位格子の形が歪み，欠陥から離れていくにつれて本来の単位格子の形に近づく。しかし，複数の点欠陥がランダムに配置している場合には，「平均的な面間隔」は一定の値を取り，結果として回折ピークが広がるような影響を示さないが，実際には，固溶体試料では，観測される回折線幅が広くなる傾向がある。粉末 X 線回折測定では，観測される回折図形は，試料の中の異なる位置にある結晶粒からの回折強度を足し合わせたものである。固溶体試料の化学組成が不均一であれば，異なる位置の試料が異なる位置の回折ピークを示すことになるので，その重ね合わせとして幅の広がった回折ピークが観測される（**5** の記述内容は正しい）。

［正 解］ 4

---- **［問］21** --

　原子に関する（ア）～（エ）の記述について，正誤の組合せとして正しいものを **1** ～ **5** の中から一つ選べ。

（ア）陽子と中性子が結合して一つの原子核を形成するときに起こる質量の減
　　　少を，質量欠損という。

（イ）主量子数が n の殻には，n^2 個の原子軌道が存在する。

（ウ）原子核の半径は，おおよそ 10^{-15}m ～ 10^{-14}m である。

（エ）電子1個の質量は，陽子1個の質量の約 $1/180$ である。

	（ア）	（イ）	（ウ）	（エ）
1	正	誤	誤	誤
2	正	正	誤	正
3	正	正	正	誤
4	誤	誤	正	正
5	誤	正	誤	誤

［題意］ 原子を構成する電子，陽子および中性子について基礎知識を問う。

［解説］ 原子核の質量は，それを構成している陽子および中性子の質量の総和よりも小さくなっている。この差を質量欠損と呼ぶ。すなわち，陽子数 Z，中性子数 N の原子核の質量を $m(Z, N)$，陽子の質量を m_p，中性子の質量を m_n とすると，質量欠損は $Zm_p + Nm_n - m(Z, N)$ で与えられる。これは，陽子と中性子とが原子核を構成するとき，結合エネルギーを得るため，ある程度の質量を失うことから生じる。よって，（ア）の記述内容は正しい。

　主量子数 n は原子軌道の基本となる量子数であり，n の値は，原子軌道によって決まる電子分布の原子核からの大まかな距離を表す指標である。n は，$n = 1$, 2, 3, … の自然数をとり，それぞれ K 殻，L 殻，M 殻，…といい，これを電子殻（electronic shell）という。電子殻は，主量子数 n とそれに付随する方位量子数 l，磁気量子数 m を合わせたものをいう。各殻によって収容できる電子数が異なる。主量子数 n に対しては，$2n^2$ 個が最大収容電子数であり，原子軌道は n^2 個存在する。すなわち，K 殻には1個，L 殻には4個，M 殻には9個の軌道がある。よって，（イ）の記述内容は正しい。

　最も小さい水素の原子核（陽子）の大きさは，およそ半径 $0.875\,1 \times 10^{-15}$m である。水素原子核以外では，その狭い空間に正電荷をもった陽子が複数存在するため，たが

いに大きな斥力（電磁気力）を受けているが，中性子がこの斥力に打ち勝って原子核を安定に存在させている。その他の原子では，式 (1) に示すように，原子核の半径 r はその質量数 m のほぼ 1/3 乗，すなわち 3 乗根に比例することが知られている。

$$r = r_0 \sqrt[3]{m} \tag{1}$$

ここで，r_0 は定数であり，その値は，$r_0 = 1.310 \times 10^{-15}$ m である。

よって，（ウ）の記述内容は正しい。

原子を構成する三つの陽子，中性子および電子の質量は，陽子 1 個の質量が 1.673×10^{-27} kg，中性子 1 個の質量が 1.675×10^{-27} kg，電子 1 個の質量が 9.109×10^{-31} kg である。その比を簡単に表すと，陽子：中性子：電子 ＝ 1：1：1/1 840 であり，電子の質量は陽子，中性子と比較してきわめて小さい。したがって，原子の質量 ≒ 陽子の質量 ＋ 中性子の質量である。よって，（エ）の記述内容は誤りであり，**3** が正しい組合せである。

〔正 解〕　**3**

------- 問 **22** -------

1 atm における化合物の沸点を比較した **1 ～ 5** の記述の中から，誤っているものを一つ選べ。

1　プロパンの沸点は，オクタンの沸点よりも低い。

2　ふっ化水素の沸点は，塩化水素の沸点よりも低い。

3　1,2-ジクロロエチレンのトランス体の沸点は，1,2-ジクロロエチレンのシス体の沸点よりも低い。

4　ジメチルエーテルの沸点は，エタノールの沸点よりも低い。

5　2,2-ジメチルプロパン（ネオペンタン）の沸点は，ペンタンの沸点よりも低い。

〔題 意〕　化合物の沸点の相対的な比較について基礎知識を問う。

〔解 説〕　物質の沸点（boiling point, b. p.）は，分子間相互作用の大きさによって決まる。沸点とは，液体状態の物質が，特定の外圧（通常は 1 atm）のもとで沸騰する温度であり，液体の蒸気圧が外圧と等しくなる温度である。「沸騰」とは，液体の表面だ

けでなく，液体の内部でも気体への変化が起きる現象のことを指す。液体は分子どうしが引力によって集まっている状態であるが，気体は分子が熱エネルギーによって引力を振りほどいて，自由に運動している状態である。分子間の引力が強いほど，それを振りほどくために多くの熱エネルギーを必要とするので，沸点が高くなる。有機化合物における分子間相互作用は，化合物の種類によって働く相互作用が異なるが，大きさには序列があり，一般的には，水素結合 ＞ 双極子相互作用 ＞London の分散力となり，London の分散力と双極子相互作用をまとめて vanderWaals（ファン・デル・ワールス）相互作用と呼ぶ。よって，水素結合ができる条件は H－F，H－O，H－N の結合がある物質であり，水素結合が働く物質は，沸点が大きい。

エタノールはヒドロキシ基をもち，分子間で水素結合を形成しているため，分子どうしが強く結びついている。これに対しジメチルエーテルは分子間で相互作用をする官能基をもたない。したがって，ジメチルエーテル（b.p. −24 ℃）のほうがエタノール（b.p. 78.37 ℃）より沸点は低い（**4** の記述内容は正しい。）。また，カルボン酸は，二つの分子が 2 本の水素結合により会合した状態で存在するため，会合体を形成しない場合に比べて強い分子間力が働く。この会合体は分子量が 2 倍の分子のように振る舞うため，同程度の分子量の分子であれば，アルコールよりもカルボン酸のほうが沸点は高い。

ファン・デル・ワールス力は，瞬間的な分極によって生じるクーロン力の時間平均であるので，最初から極性を持っている分子間にはより強い力が働くことになる。したがって，極性のある分子は極性のない分子よりも沸点が高くなる。電気陰性度の差が大きいほど二つの原子の結合は大きく分極しているため，分子間に静電的な相互作用（水素結合など）が働き，分子どうしが強く結びついている。異なる種類の原子間に働く共有結合では，電気陰性度の違いに基づく電荷の偏りが生じる。電気陰性度の大きな原子のほうに共有電子対が引き寄せられ，その原子が負に帯電する一方で，もう一方の原子は正に帯電する。この場合，双極子相互作用が働いており，電気陰性度の違いが大きいほど沸点が大きくなる。したがって，ふっ化水素（3.98 − 2.2 ＝ 1.78，b.p. 19.5 ℃）より塩化水素（3.16 − 2.2 ＝ 0.96，b.p. − 85.05 ℃）のほうが沸点は高い（**2** の記述内容は誤りである。）。

一般に，分子量が大きいほど大きなファン・デル・ワールス力が働くので，分子量が大きければ大きいほど沸点・融点が高くなる。よって，プロパン（*m* ＝ 44.1，b.p.

−42℃）は，オクタン（$m=114.23$，b.p. 125.6℃）より沸点が低い（**1**の記述内容は正しい。）。また，分子の形状について，分岐した物より細長い物（直鎖状）のほうがファン・デル・ワールス力は大きくなるので，沸点が高い。それは，分子の形状が細長いと，分子どうしはより接近することができるため，分子量が同程度であれば，ファン・デル・ワールス力は細長い形の分子ほど強く働く。したがって，同じ炭素数の炭化水素の場合，枝分れ構造（ネオペンタン，b.p. 9.5℃）よりも，直鎖の構造をもつ分子（ペンタン，b.p. 36.1℃）のほうが分子どうしの接触面積が大きく，より大きいファン・デル・ワールス力が働くので，直鎖の構造をもつほうの沸点が高い（**5**の記述内容は正しい。）。

1,2-ジクロロエチレンは，trans体よりもcis体のほうが分子全体として極性が大きいため，より大きい分子間力が働く。したがって，trans-1,2-ジクロロエチレン（b.p. 47.5℃）は，cis-1,2-ジクロロエチレン（b.p. 60.3℃）より沸点は低い（**3**の記述内容は正しい。）。

[正 解]　**2**

---- [問] **23** ----

次の化合物の名称として，正しいものを**1**〜**5**の中から一つ選べ。

1　3,3',4,4',5-ペンタクロロビフェニル

2　2,3,4,4',5-ペンタクロロビフェニル

3　2,3',4,4',5-ペンタクロロビフェニル

4　2,3,3',4,4'-ペンタクロロビフェニル

5　2',3,4,4',5-ペンタクロロビフェニル

[題 意]　ポリクロロビフェニルの名称について基礎知識を問う。

[解 説]　ポリ塩化ビフェニル（PCB，polychlorinated biphenyl）またはポリクロロビフェニル（polychlorobiphenyl）は，ビフェニルの水素原子が塩素原子で置換された化合物の総称で，「PCBs」とも呼ばれ，一般式$C_{12}H_{(10-n)}Cl_n$（$1 \leqq n \leqq 10$）で表される（図参照）。置換塩素の数により，モノクロロビフェニルからデカクロロビフェニルまでの10種類の化学式があり，置換塩素の位置によって，計209種の異性体が存在する。

熱に対して安定で，電気絶縁性が高く，耐薬品性に優れている。加熱や冷却用熱媒体，変圧器やコンデンサといった電気機器の絶縁油，可塑剤，塗料，ノンカーボン紙の溶剤など，非常に幅広い分野に用いられた。一方，生体に対する毒性が高く，脂肪組織に蓄積しやすい。発癌性があり，また皮膚障害，内臓障害，ホルモン異常を引き起こすことがわかっている。

図　PCB の構造式

設問の構造式は，塩素の位置から，2,3,3',4,4'-ペンタクロロビフェニルであり，**4** が該当する。

[正 解]　**4**

------- [問] **24** -------

よう素酸カリウム水溶液 100 mL に十分な量のよう化カリウム及び希硫酸を加えて完全に反応させ，遊離したよう素を C mol L^{-1} のチオ硫酸ナトリウム水溶液で滴定したところ，V mL を要した。反応前のよう素酸カリウム水溶液の濃度（mol L^{-1}）を求める計算式として正しいものを **1** 〜 **5** の中から一つ選べ。なお，反応は，次に示す化学反応式に従って化学量論的に進むものとする。

$$KIO_3 + 5\,KI + 3\,H_2SO_4 \rightarrow 3\,K_2SO_4 + 3\,H_2O + 3\,I_2$$

$$2\,Na_2S_2O_3 + I_2 \rightarrow 2\,NaI + Na_2S_4O_6$$

1　$\dfrac{C}{V}$

2　$\dfrac{CV}{600}$

3　$\dfrac{100C}{V}$

4　$\dfrac{300V}{C}$

5 *CV*

［題　意］　酸化性物質によう素イオン（I⁻）を作用させてI₂を生成させ，これをチオ硫酸ナトリウム標準液で滴定するヨードメトリー（iodometry）（間接法）について基礎知識を問う。

［解　説］　ヨードメトリーの特徴は，① 強酸性条件を用いること，② 強酸化性物質に対する特異性が高いこと，である。多くの酸化剤（酸素酸）と I⁻ との反応には H⁺ が関与する。例えば，チオ硫酸ナトリウムの標定（一次標準物質：KIO₃）では

$$KIO_3 + 5KI + 3H_2SO_4 \rightleftarrows 3K_2SO_4 + 3H_2O + 3I_2 \qquad (1)：強酸性$$

$$2Na_2S_2O_3 + I_2 \rightleftarrows 2NaI + Na_2S_4O_6 \qquad (2)：滴定（中性で行う。）$$

強酸性の被滴定液は水で希釈して pH 0.5 〜 7 とする。

上述の酸化還元反応式から式 (1) ＋ 式 (2) ×3 により整理してよう素を消去すると

$$KIO_3 + 5KI + 3H_2SO_4 + 6Na_2S_2O_3 \rightleftarrows 3K_2SO_4 + 3H_2O + 3Na_2S_4O_6 + 6NaI$$

$$KIO_3：6Na_2S_2O_3 = 1：6 \tag{3}$$

となる。したがって，よう素酸カリウム 1 mol に対してチオ硫酸ナトリウム 6 mol で化学両論的に酸化還元反応が完結することがわかる。

設問に与えられた数値を式 (4) に当てはめると，よう素酸カリウムの濃度 C 〔mol L⁻¹〕が求められる。

$$x〔mol\,L^{-1}〕\times \frac{100}{1000} : C〔mol\,L^{-1}〕\times \frac{V}{1000} = 1：6 \tag{4}$$

$$\therefore \quad x = \frac{CV}{6 \times 100}$$

よって，**2** の数式が該当する。

［正　解］　**2**

---- **［問］25** --

容器の中で次の反応が平衡状態にある。

$$N_2(g) + 3H_2(g) \rightleftarrows 2NH_3(g)$$

この系に（ア）〜（オ）の操作を行うとき，初期状態の平衡が右に移動する組合せとして，正しいものを **1** 〜 **5** の中から一つ選べ。ただし，アンモニアの標準

生成エンタルピーは，−46.2 kJ mol^{-1} とする。

（ア）温度を一定に保ち，全圧を高くする。

（イ）全圧を一定に保ち，温度を高くする。

（ウ）全圧と温度を一定に保ちながら，アンモニアを取り出す。

（エ）体積と温度を一定に保ちながら，アルゴンを加える。

（オ）全圧と温度を一定に保ちながら，触媒を加える。

1　（ア）と（ウ）

2　（ア）と（エ）

3　（イ）と（エ）

4　（イ）と（オ）

5　（ウ）と（オ）

〔**題 意**〕　ルシャトリエの原理について基礎知識を問う。

〔**解 説**〕　ルシャトリエの原理とは，平衡状態にある反応系において，状態変数（温度，圧力（全圧），反応に関与する物質の分圧や濃度）を変化させると，その変化を相殺する方向へ平衡が移動することであり，ルシャトリエの法則ともいう。すなわち，反応温度を上げた場合，平衡は反応熱を吸収して反応温度を下げる方向へ移動する。反応温度を下げた場合，平衡は反応熱を発生させて反応温度を上げる方向へ移動する。気体の反応において全圧を上げた場合，平衡は気体分子の数を減らして圧力を下げる方向へ移動する。全圧を下げた場合，平衡は気体分子の数を増やして圧力を上げる方向へ移動する。また反応に関与しているある物質の分圧や濃度を上げた場合，平衡はその物質を消費して分圧や濃度を下げる方向へ移動する。反応に関与しているある物質の分圧や濃度を下げた場合，平衡はその物質を生成して分圧や濃度を上げる方向へ移動する。しかし，正または負触媒を加えても平衡は変化しない。触媒作用は反応速度を早くして平衡に到達する時間を短くするだけであって，平衡定数の数値を変化させることはできないからである。

設問のアンモニアの合成反応は，標準生成エンタルピーが負であることから発熱反応であり，右向きに反応が進むと分子数が 4 mol から 2 mol に減少するため圧力が減少する。よって，右向きにさらに反応を進めるためには，全圧を高くすること（（ア）

が該当する。），全体の温度を下げること，反応生成物であるアンモニアを系外に取り出すこと（原料である窒素や水素の分圧が高くなるので効果的である。（ウ）が該当する。），などが考えられるが，反応温度を上げることは逆効果であり，不活性ガスのアルゴンを増やしても窒素や水素の分圧が変化しない（全圧は上がるが，モル分率が下がるので分圧は変わらない。）ので効果的でなく，また，触媒添加は平衡定数に影響しないので効果がない。

　よって，正しい組合せとして，**1** が該当する。

〔正　解〕　**1**

1.3 第73回（令和4年12月実施）

---- 問 1 ----

　環境基本法第2条第1項に規定する「環境への負荷」に関する記述の（ア）～（ウ）に入る語句の組合せのうち，正しいものを一つ選べ。

「第2条　この法律において「環境への負荷」とは，　(ア)　により環境に加えられる影響であって，　(イ)　の　(ウ)　をいう。」

	（ア）	（イ）	（ウ）
1	地球環境の破壊の進行	人類	健康で文化的な生活への脅威
2	自然現象及び人の活動	環境の汚染	発生をもたらすもの
3	自然環境の利用	国民	健康で文化的な生活への脅威
4	環境の汚染	国民の福祉へ	脅威となるもの
5	人の活動	環境の保全上の支障	原因となるおそれのあるもの

【題意】　環境基本法第2条第1項の規定内容について問う。

【解説】　環境基本法第2条第1項の「環境への負荷」とは，(ア)人の活動により環境に加えられる影響であって，(イ)環境保全上の支障の(ウ)原因となるおそれのあるものをいう。

　また，「公害」とは，環境保全上の支障のうち，事業活動その他の人の活動に伴って生ずる相当範囲にわたる大気の汚染，水質の汚濁，土壌の汚染，騒音，振動，地盤の沈下および悪臭によって，人の健康または生活環境に係る被害が生ずることをいう。環境への負荷には，汚染物質等の排出，動植物等の損傷，自然景観の変更等があり，人の活動による環境への影響を対象としている。発生する騒音・振動も環境への負荷の一つである。環境への負荷が被害を招くレベルに悪化すると，環境保全上の支障の原因となり，人の健康または生活環境に係る被害が生ずることを公害という。

　よって，**5**の語句の組合せが該当する。

【正解】　**5**

------ **問** **2** ------

大気汚染防止法第2条第4項において，「揮発性有機化合物」とは，大気中に排出され，又は飛散した時に気体である有機化合物をいうとし，同法施行令第2条の2で定める物質を除くとしている。「揮発性有機化合物」に該当しないものを，次の中から一つ選べ。

1　トルエン

2　キシレン

3　酢酸エチル

4　メタン

5　メタノール

題意　大気汚染防止法第2条第4項の「揮発性有機化合物」について問う。

解説　「大気中に排出され，又は飛散した時に気体である有機化合物」（浮遊粒子状物質及びオキシダントの生成の原因とならない物質として政令で定める物質を除く）を法第2条第4項において「揮発性有機化合物（VOC，volatile organic compounds）」として定めている。また，工場・事業場に設置される施設で，VOC の排出量が多いためにその規制を行うことが特に必要なものを揮発性有機化合物排出施設（以下 VOC 排出施設という。）として定めている。

浮遊粒子状物質（以下「SPM」という）や光化学オキシダントに係る大気汚染の状況はいまだ深刻であり，現在でも，浮遊粒子状物質による人の健康への影響が懸念され，光化学オキシダントによる健康被害が数多く届出されており，これに緊急に対処することが必要となっている。SPM および光化学オキシダントの原因にはさまざまなものがあるが VOC もその一つである。VOC とは，揮発性を有し大気中で気体状となる有機化合物の総称であり，トルエン，キシレン，酢酸エチルなど多種多様な物質が含まれる。このため，SPM および光化学オキシダント対策の一環として，VOC の排出を抑制するため，平成16年5月に大気汚染防止法を改正し，さらに，平成17年5月，6月に大気汚染防止法に基づく大気汚染防止法施行令や大気汚染防止法施行規則を改正し，また，VOC 濃度の測定法を環境省告示で定めた。上記大気汚染防止法施行令第2条の2には，VOC から除く物質として，以下の**表**に示す8種類の化合物が定められて

表 大気汚染防止法施行令第2条の2「揮発性有機化合物から除く物質」

1	メタン
2	クロロジフルオロメタン（別名 HCFC–22）
3	2- クロロ -1,1,1,2- テトラフルオロエタン（別名 HCFC–124）
4	1,1- ジクロロ -1- フルオロエタン（別名 HCFC–141b）
5	1- クロロ -1,1- ジフルオロエタン（別名 HCFC–142b）
6	3,3– ジクロロ -1,1,1,2,2- ペンタフルオロプロパン（別名 HCFC–225ca）
7	1,3– ジクロロ -1,1,2,2,3- ペンタフルオロプロパン（別名 HCFC–225cb）
8	1,1,1,2,3,4,4,5,5,5- デカフルオロペンタン（別名 HFC–43–10mee）

いる。

　よって，**4**のメタンは VOC に該当しない。

〔**正 解**〕 **4**

-------- 問 **3** --------

　大気汚染防止法第1条（目的）の記述の（ア）〜（オ）に入る語句として，誤っているものを**1**から**5**の中から一つ選べ。

「第1条 この法律は，工場及び事業場における事業活動並びに建築物等の解体等に伴う　（ア）　，　（イ）　及び　（ウ）　の排出等を規制し，水銀に関する水俣条約（以下「条約」という。）の的確かつ円滑な実施を確保するため工場及び事業場における事業活動に伴う水銀等の排出を規制し，有害大気汚染物質対策の実施を推進し，並びに　（エ）　に係る許容限度を定めること等により，大気の汚染に関し，国民の健康を保護するとともに生活環境を保全し，並びに大気の汚染に関して人の健康に係る被害が生じた場合における事業者の　（オ）　について定めることにより，被害者の保護を図ることを目的とする。」

1 （ア）ばい煙

2 （イ）揮発性有機化合物

3 （ウ）粉じん

4 （エ）自動車排出ガス

5 （オ）環境保全対策

題意　大気汚染防止法第1条（目的）に規定する内容について問う。

解説　わが国では，大気環境を保全するため，昭和43年に「大気汚染防止法」が制定された。この法律は，大気汚染に関して，国民の健康を保護するとともに，生活環境を保全することなどを目的としている。制度の概要としては，人の健康を保護し生活環境を保全する上で維持されることが望ましい基準として，「環境基準」が環境基本法において設定されており，この環境基準を達成することを目標に，大気汚染防止法に基づいて規制を実施している。大気汚染防止法では，固定発生源（工場や事業場）から排出または飛散する大気汚染物質について，物質の種類ごと，施設の種類・規模ごとに排出基準等が定められており，大気汚染物質の排出者等はこの基準を守らなければならない。

　同法第1条によると，「この法律は，工場及び事業場における事業活動並びに建築物等の解体等に伴う (ア)ばい煙，(イ)揮発性有機化合物及び (ウ)粉じんの排出等を規制し，水銀に関する水俣条約（以下「条約」という。）の的確かつ円滑な実施を確保するため工場及び事業場における事業活動に伴う水銀等の排出を規制し，有害大気汚染物質対策の実施を推進し，並びに (エ)自動車排出ガスに係る許容限度を定めること等により，大気の汚染に関し，国民の健康を保護するとともに生活環境を保全し，並びに大気の汚染に関して人の健康に係る被害が生じた場合における事業者の (オ)損害賠償の責任について定めることにより，被害者の保護を図ることを目的とする。」と規定されている。

　よって，（オ）に入る語句は，**5** の「環境保全対策」ではなく「損害賠償の責任」であるから，**5** の記載内容は誤りである。

正解　**5**

---- **問** 4 ----

　「指定物質」は，公共用水域に多量に排出されることにより人の健康若しくは生活環境に係る被害を生ずるおそれがある物質として水質汚濁防止法施行令第3条の3に定められている。「指定物質」に該当しないものを，次の中から一つ選べ。

1　ホルムアルデヒド
2　カドミウム

3　ヒドロキシルアミン

4　塩化水素

5　アクリロニトリル

［題　意］ 水質汚濁防止法施行令第3条の3に規定する「指定物質」の内容について問う。

［解　説］ 指定物質とは，水質汚濁防止法第2条第4項において定められている「公共用水域に多量に排出されることにより人の健康若しくは生活環境に係る被害を生ずるおそれがある物質として政令で定めるもの」であり，当該物質として，現在60物質が定められており，以下にそれらを示す。

水質汚濁防止法施行令

第3条の3　法第2条第4項の政令で定める物質は，次に掲げる物質とする。

1　ホルムアルデヒド

2　ヒドラジン

3　ヒドロキシルアミン

4　過酸化水素

5　塩化水素

6　水酸化ナトリウム

7　アクリロニトリル

8　水酸化カリウム

9　アクリルアミド

10　アクリル酸

11　次亜塩素酸ナトリウム

12　二硫化炭素

13　酢酸エチル

14　メチル-ターシヤリ-ブチルエーテル（別名MTBE）

15　硫酸

16　ホスゲン

17　1·2-ジクロロプロパン

18　クロルスルホン酸

19　塩化チオニル

20　クロロホルム

21　硫酸ジメチル

22　クロルピクリン

23　りん酸ジメチル=2・2-ジクロロビニル（別名ジクロルボス又はDDVP）

24　ジメチルエチルスルフイニルイソプロピルチオホスフエイト（別名オキシデプロ
　　ホス又はESP）

25　トルエン

26　エピクロロヒドリン

27　スチレン

28　キシレン

29　パラ-ジクロロベンゼン

30　N-メチルカルバミン酸二 -セカンダリ-ブチルフエニル（別名フエノブカルブ又は
　　BPMC）

31　3・5- ジクロロ-N-（1・1-ジメチル-2-プロピニル）ベンズアミド（別名プロピザミ
　　ド）

32　テトラクロロイソフタロニトリル（別名クロロタロニル又はTPN）

33　チオりん酸O・O-ジメチル-O-（3- メチル-4- ニトロフエニル）（別名フエニトロチ
　　オン又はMEP）

34　チオりん酸S-ベンジル-O・O-ジイソプロピル（別名イプロベンホス又はIBP）

35　1・3- ジチオラン-2- イリデンマロン酸ジイソプロピル（別名イソプロチオラン）

36　チオりん酸O・O-ジエチル-O-（2- イソプロピル -6-メチル-4-ピリミジニル）（別
　　名ダイアジノン）

37　チオりん酸O・O-ジエチル-O-（5-フエニル -3-イソオキサゾリル）（別名イソキサ
　　チオン）

38　4- ニトロフエニル-2・4・6-トリクロロフエニルエーテル（別名クロルニトロフエン
　　又はCNP）

39　チオりん酸O・O-ジエチル-O-（3・5・6-トリクロロ-2- ピリジル）（別名クロルピリ
　　ホス）

40　フタル酸ビス（2-エチルヘキシル）

41 エチル＝(Z)-3-[N-ベンジル-N-[[メチル(1-メチルチオエチリデンアミノオキシカルボニル)アミノ]チオ]アミノ]プロピオナート（別名アラニカルブ）

42 1・2・4・5・6・7・8・8-オクタクロロ-2・3・3a・4・7・7a-ヘキサヒドロ-4・7-メタノ--H-インデン（別名クロルデン）

43 臭素

44 アルミニウム及びその化合物

45 ニッケル及びその化合物

46 モリブデン及びその化合物

47 アンチモン及びその化合物

48 塩素酸及びその塩

49 臭素酸及びその塩

50 クロム及びその化合物（六価クロム化合物を除く。）

51 マンガン及びその化合物

52 鉄及びその化合物

53 銅及びその化合物

54 亜鉛及びその化合物

55 フェノール類及びその塩類

56 1・3・5・7-テトラアザトリシクロ[3・3・1・1]デカン（別名ヘキサメチレンテトラミン）

57 アニリン

58 ペルフルオロオクタン酸（別名PFOA）及びその塩

59 ペルフルオロ（オクタン-スルホン酸）（別名PFOS）及びその塩

60 直鎖アルキルベンゼンスルホン酸及びその塩

　よって，カドミウムは含まれていないから **2** が該当する。

[正 解] **2**

---- 問 5 ----

　水質汚濁防止法第14条の4（事業者の責務）の記述の（ア）～（オ）に入る語句として，誤っているものを **1** から **5** の中から一つ選べ。

「第 14 条の 4　事業者は，この章に規定する　(ア)　に関する措置のほか，その事業活動に伴う汚水又は廃液の　(イ)　又は　(ウ)　の状況を把握するとともに，当該汚水又は廃液による　(エ)　又は　(オ)　の防止のために必要な措置を講ずるようにしなければならない。」

1　（ア）排出水の排出の規制等

2　（イ）公共用水域への排出

3　（ウ）地下への浸透

4　（エ）公共用水域

5　（オ）自然生態系の悪化

【題 意】　水質汚濁防止法第 14 条の 4（事業者の責務）に規定されている内容について問う。

【解 説】　事業者の責務規定（水質汚濁防止法第 14 条の 4）には，事業者の責務が，新たに定義された。なお，「事業者」には，汚水または廃液を公共用水域に排出させ，または地下に浸透させるすべての事業者が該当する。本条によると，「事業者は，この章に規定する (ア) 排出水の排出の規制等に関する措置のほか，その事業活動に伴う汚水又は廃液の (イ) 公共用水域への排出又は (ウ) 地下への浸透の状況を把握（事業活動に伴う汚水又は廃液の排出先の把握等）するとともに，当該汚水又は廃液による (エ) 公共用水域又は (オ) 地下水の水質の汚濁の防止のために必要な措置（汚濁の負荷の低減に資する施設の整備及び維持管理等）を講ずるようにしなければならない。」と規定している。

よって，（オ）に入る語句は，5 の「自然生態系の悪化」ではなく，「地下水の水質の汚濁」であるから，5 の記載内容は誤りである。

【正 解】　5

――【問】6――――――――――――――――――――――――――――――

赤外領域の光のエネルギーを表すために用いられる波数（cm^{-1}）は，1 波長分の波を 1 個と数えたときの単位長さ（1 cm）当たりの波の個数を示す。波長5 000 nm の赤外光の波数は幾らか。次の中から正しいものを一つ選べ。

1 $200 \, \text{cm}^{-1}$

2 $500 \, \text{cm}^{-1}$

3 $1\,000 \, \text{cm}^{-1}$

4 $2\,000 \, \text{cm}^{-1}$

5 $5\,000 \, \text{cm}^{-1}$

[題 意] 波数と波長の関係について基礎知識を問う。

[解 説] 波数とは，物理化学や分光学の分野では単位長さ当たりの波の個数 (cm^{-1}) を指し，式 (1) に示すように波数 $\bar{v}$ は波長 λ の逆数となる。光の場合，式 (2) で示したように，波数 $\bar{v}$ は光の周波数 v と真空中の光速度 c を用いて表すことができる。

赤外線の場合は，設問に与えられた波長を式 (1) に代入して，単位を cm^{-1} に変換することに留意して，波数を求めることができる。

$$\bar{v} = \frac{1}{\lambda} \tag{1}$$

$$\bar{v} = \frac{v}{c} \tag{2}$$

$$\bar{v} = \frac{1}{5 \times 10^3 \, \text{nm}} = 0.2 \times 10^6 \, \text{m}^{-1} = 2.0 \times 10^3 \, \text{cm}^{-1}$$

よって，**4** の数値が該当する。

[正 解] **4**

[問] 7

^{32}P は β^- 崩壊する放射性同位体である。この崩壊によって生じる安定同位体として正しいものを一つ選べ。

1 ^{27}Al

2 ^{29}Si

3 ^{30}Si

4 ^{31}P

5 ^{32}S

［題 意］ ベータ崩壊について基礎的な知識を問う問題である。

［解 説］ ベータ崩壊（ベータ壊変）は，原子核の放射性崩壊の一種で，「$n \rightarrow p^+ + e^- + \overline{v}_e$」のように遷移して，放射線としてベータ線（$\beta$線，電子）と反電子ニュートリノとを放出する。ベータ崩壊にはベータ粒子（電子）と反電子ニュートリノを放出する β^- 崩壊（負の β 崩壊，陰電子崩壊），陽電子と電子ニュートリノを放出する β^+ 崩壊（正の β 崩壊，陽電子崩壊），軌道電子を原子核に取り込み電子ニュートリノを放出する電子捕獲，二重ベータ崩壊，二重電子捕獲などが含まれる。いずれの場合で崩壊しても質量数は変化しないが，陽子が1個増加するので，周期表において原子番号が右に1個ずれる。

よって，原子番号15のPは右に1個ずれて原子番号16のSに変化する（式 (1) 参照）。ただし，質量数は変化しないので，32のままである。したがって，**5** の原子が該当する。

$$\ce{^{32}_{15}P} \xrightarrow{\beta^-} \ce{^{32}_{16}S} \tag{1}$$

［正 解］ **5**

───── **問 8** ───────────────────────────────

水溶液中の塩化物イオンを定量するために，塩化物イオンを含む試料水溶液を硝酸銀標準液で沈殿滴定した。この滴定の当量点において，水溶液（試料水溶液＋標準液）中に溶解している塩化物イオンのモル濃度は幾らか。次の中から最も近いものを一つ選べ。ただし，このときの塩化銀の溶解度積を $[\mathrm{Ag}^+][\mathrm{Cl}^-] = 1 \times 10^{-10}\ (\mathrm{mol\ L^{-1}})^2$ とし，さらに，この沈殿生成以外の反応は起こらないものとする。

1　$1 \times 10^{-2}\ \mathrm{mol\ L^{-1}}$

2　$1 \times 10^{-5}\ \mathrm{mol\ L^{-1}}$

3　$1 \times 10^{-7}\ \mathrm{mol\ L^{-1}}$

4　$1 \times 10^{-9}\ \mathrm{mol\ L^{-1}}$

5　$1 \times 10^{-10}\ \mathrm{mol\ L^{-1}}$

【題 意】 硝酸銀滴定法に関する基礎的な計算問題である。

【解 説】 硝酸銀滴定法の基本原理は，濃度既知の硝酸銀溶液を滴定試薬とし，試料溶液中の塩化物イオンがすべて塩化銀（白色の沈殿物）となるまでに滴加した硝酸銀溶液の量から塩化物イオン濃度を求める方法である。一般に，この反応だけでは，沈殿が生成し終わった滴定の終点を判定できない。そこで，指示薬としてクロム酸カリウム（K_2CrO_4）を用いる（モール法）とクロム酸カリウムは硝酸銀と反応してクロム酸銀の赤褐色沈殿を生じるので判定しやすくなる。硝酸銀はクロム酸イオンと塩素イオンが同時に存在すると，塩素イオンと優先的に反応する。塩素イオンがすべて硝酸銀と反応し終わると，それ以後加えた硝酸銀はクロム酸イオンと反応し，消失しないクロム酸銀の赤褐色沈殿を生じる。よって，反応液中に消失しない赤褐色沈殿が生成し始めたときが終点となる。

さて，終点付近では，添加した銀イオンの濃度〔mol/L〕と同じ塩素イオンの濃度がすべて塩化銀として沈殿しているが，そのとき水溶液中の塩素イオンの濃度〔mol/L〕は，溶解度積で制限されてその値を超えることができない。対する銀イオンは，添加した硝酸銀由来よりほかに存在しないので，その濃度は塩素イオンと同じであることから，次式より濃度を求めることができる。

$$K_{SP} = [Ag^+][Cl^-] = C \times C = 1 \times 10^{-10} \tag{1}$$

$$C = \sqrt{1 \times 10^{-10}} = 1 \times 10^{-5} \text{〔mol/L〕}$$

よって，**2** の濃度の数値が最も近い。

【正 解】 **2**

-------- **【問】9** --------

水溶液の液性と H^+ のモル濃度 $[H^+]$，OH^- のモル濃度 $[OH^-]$ の関係は

　　　酸性：$[H^+] > [OH^-]$

　　　中性：$[H^+] = [OH^-]$

　　　塩基性：$[H^+] < [OH^-]$

である。10 ℃および 40 ℃の水の pK_w はそれぞれ 14.54 および 13.54 であるとすると，各温度における pH＝7.00 の水溶液は，酸性，中性，塩基性のどれにな

るか。正しい組合せを一つ選べ。ただし，$pK_w = -\log_{10} K_w = -\log_{10} [H^+]$ $[OH^-]$ であり，溶存するすべてのイオンの活量係数を 1.00 とする。

	10 ℃	40 ℃
1	酸性	塩基性
2	酸性	酸性
3	中性	中性
4	塩基性	塩基性
5	塩基性	酸性

［題 意］ 水の pH と温度の関係について基礎知識を問う計算問題である。

［解 説］ 次式に示すように，pH = 7.00 の水溶液についてそれぞれの温度における水の解離定数 pK_w から水素イオンの濃度を求めることができる。

10 ℃において

$$pK_w = -\log[H^+][OH^-] = 14.54 \tag{1}$$

$$K_w = [H^+][OH^-] = 10^{-14.54}$$

問題文より，pH = 7.00 より，$[H^+] = 10^{-7}$

$$\therefore [OH^-]_{10℃} = \frac{K_w}{[H^+]} = \frac{10^{-14.54}}{10^{-7}} = 10^{-7.54}$$

よって，$[H^+] > [OH^-]_{10℃}$ より酸性となる。

40 ℃において

$$K_w = [H^+][OH^-] = 10^{-13.54}$$

問題文より，pH = 7.00 より，$[H^+] = 10^{-7}$

$$\therefore [OH^-]_{40℃} = \frac{K_w}{[H^+]} = \frac{10^{-13.54}}{10^{-7}} = 10^{-6.54}$$

よって，$[H^+] < [OH^-]_{40℃}$ より塩基性となる。

したがって，**1** の組合せが該当する。

［正 解］ 1

［問］10

みょうばん $AlK(SO_4)_2 \cdot 12H_2O$ の 0.01 mol L^{-1} 水溶液に関する（ア）～（エ）の

記述について，正しいものをすべて含む組合せを **1 ～ 5** の中から一つ選べ。

（ア）25 ℃の水溶液に同じ温度の濃アンモニア水を十分量加えると，白色の沈殿を生じる。

（イ）25 ℃の水溶液に同じ温度の水酸化バリウム飽和水溶液を十分量加えると，白色の沈殿を生じる。

（ウ）水溶液にフェノールフタレイン溶液を滴下すると，水溶液は赤色になる。

（エ）水溶液を白金線の先につけてガスバーナーの外炎の中に入れると，炎の色が赤紫色になる。

    1 （ア）と（イ）と（ウ）

    2 （ア）と（イ）と（エ）

    3 （ア）と（ウ）

    4 （イ）と（ウ）と（エ）

    5 （イ）と（エ）

［題 意］ みょうばんの水溶液の性質について基礎知識を問う。

［解 説］ みょうばん（明礬）は，1 価の陽イオンの硫酸塩 $M_2^I(SO_4)$ と 3 価の金属イオンの硫酸塩 $M_2^{III}(SO_4)_3$ の複塩の総称であり，$M^IM^{III}(SO_4)_2 12H_2O$ などで表され，陽イオン 1 mol 当り 12 mol の結晶水を含む。溶解度は温度によって大きく変わる。水に高温でより多く溶ける。水溶液はアルミニウムイオン加水分解により弱酸性を示す（（ウ）の記載内容は誤りである。）。単にみょうばんといった場合，硫酸カリウムアルミニウム十二水和物 $Al^{III}K^I(SO_4)_2 12H_2O$（カリウムミョウバンともいう。）を示すことが多いが，このほかにもカリウムミョウバンの無水物である焼きミョウバン，鉄ミョウバン，アンモニウム鉄ミョウバンなどがある。問題文のみょうばんには，カリウムイオン，アルミニウムイオンおよび硫酸イオンが含まれているため，それぞれのイオンの性質を示す。

アンモニア水との反応では，水酸化アルミニウム $Al(OH)_3$ の白色の沈殿ができる（（ア）の記載内容は正しい。）。また，硫酸イオンと水酸化バリウムの中和反応により硫酸バリウムの白色沈殿を生成する（（イ）の記載内容は正しい。）。さらにカリウムは，炎色反応により赤紫色を呈する（（エ）の記載内容は正しい。）。

よって，正しい組合せは **2** が該当する。

[正 解] **2**

---- **[問] 11** --

封管中 300 ℃でグラファイト（黒鉛）にカリウム蒸気を作用させると，グラフェン（黒鉛単層）層間にカリウム原子が挿入され，グラフェン層とカリウム原子層が交互に積み重なった結晶構造をもつ化合物が生成する。この化合物の隣り合うグラフェン層とカリウム原子層の一組の構造を下図に示す。この化合物の化学式として正しいものを一つ選べ。

　1　KC_4

　2　KC_6

　3　KC_8

　4　KC_{10}

　5　KC_{12}

○ C
● K

グラフェン層とカリウム原子層、それぞれ一層の重なり（層に垂直な方向からの投影）

[題 意] 2層グラフェン層間化合物について，基礎的な知識を問う。

[解 説] グラフェンを積層した多層グラフェン（グラファイト）の間に原子・分子を貯蔵したグラファイト層間化合物（GIC）は，層間原子に依存した多彩な物性を有し，Li イオンバッテリーの負極材として応用研究が行われている。GIC の特異的な物性としては，多層グラフェン層間に，K，Na 等のアルカリ金属，または Ca，Sr 等のアルカリ土類金属を挿入することで発現する超伝導が挙げられる。

　設問中の図からわかるように，グラファイトを第1層とすると，第2層のカリウム原子で構成される一つの層の中に7個のカリウム原子で構成される一つの六角形（図中の点線で囲った領域）が繰り返されていると考えることができるので，それを単位格子の上面と仮定する。この単位格子の上面を第1層のグラファイト面に対して垂直に6箇所をカットしてできる炭素原子とカリウム原子で構成された六角柱を単位格子

として考える。この単位格子の中には，炭素原子が$1/2$割球で24個含まれるので，これを合計すると$6（1/2 \times 24 = 12）$個になる。同様にして，六角柱の単位格子の中には，第2層の六角形の層の中に，カリウム原子が中央に$1/2$割球が1個，その周りには$1/2 \times 1/3$割球が全部で6個含まれているので，これを合計すると1.5$（1/2 \times 1/3 \times 6 + 1/2 = 1.5）$個含まれる。

したがって，構成原子の簡単な比は，$K : C = 1.5 : 12 = 1 : 8$となるので，化合物の化学式は，KC_8となる。

よって，**3**の化合物が該当する。

〔正 解〕　**3**

------　問 12　------

次の有機化合物の中で，不斉炭素原子を有するものを一つ選べ。

1　1-フェニルエタノール

2　2-メチルブタン

3　2-ニトロトルエン（o-ニトロトルエン）

4　クロロヨードメタン

5　メチルシクロプロパン

〔題 意〕　不斉炭素原子を有する化合物について基礎知識を問う。

〔解 説〕　不斉炭素原子またはキラル中心炭素とは，分子のキラリティーを生じさせる元となる炭素原子をいう。最も多く見られるキラル中心は，異なる四つの原子または置換基に共有結合している炭素（不斉炭素原子）である。炭素原子には最大4個の原子と単結合（共有結合）ができ，4個の原子は炭素原子を中心とする正四面体のほぼ頂点に位置する。このとき4個の置換基がすべて鏡映対称であれば，この分子の鏡像どうしはどう移動させても重ね合わせられない。すなわちこの分子はキラルであり，その鏡像どうしは互いにエナンチオマーである。不斉炭素原子は分子がキラルとなる一つの要因だが，必要条件でも十分条件でもない。例えば，4個の置換基のうち2個は鏡映対称で2個は一対の鏡像であれば，この分子の鏡像どうしは重ね合わせることができてキラルではない。不斉原子を複数もつメソ化合物もキラルではない。また，

アレン誘導体のように，不斉炭素原子を持たないがキラルな分子もある。

　1-フェニルエタノールは，**図1**に示したように不記載の水素原子を含めて四つの異なる置換基が結合した不斉炭素原子（図中の＊印の炭素）を有しているので，不斉炭素原子を有する化合物は，**1**の1-フェニルエタノールが該当する。

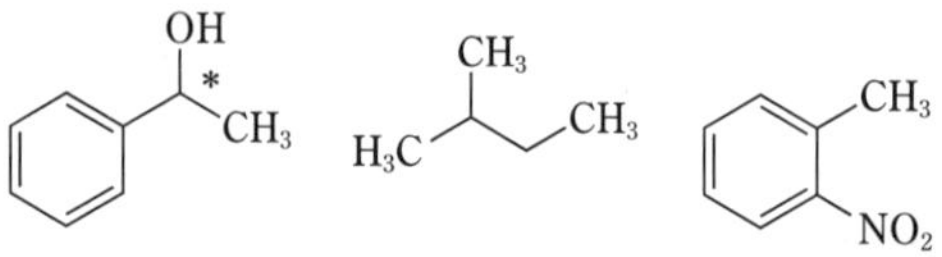

図1 　1-フェニルエタノール，2-メチルブタン，o-ニトロトルエンの化学構造式

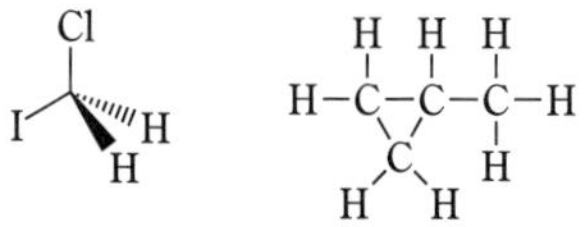

図2 　クロロヨードメタンおよびメチルシクロプロパンの化学構造式

（正 解） **1**

---- **問 13** ----

　カルボニル基を有し，ケト‐エノール互変異性化が可能な以下の有機化合物の中で，室温においてエノール形の割合が最も多いものを一つ選べ。

　1　アセトン

　2　酢酸エチル

　3　アセチルアセトン（2,4-ペンタンジオン）

　4　アセトアルデヒド

　5　シクロヘキサノン

　（題 意） 　ケト‐エノール互変異性化について基礎知識を問う。

　（解 説） 　ケト‐エノール互変異性（keto-enol tautomerism）とは，**図1**に示すような「ケト形（keto form）」と「エノール形（enol form）」と呼ばれる2種類の構造異性体の平衡混合物をいう。これらの2種類の形は，プロトン H^+ と二重結合の位置が，そ

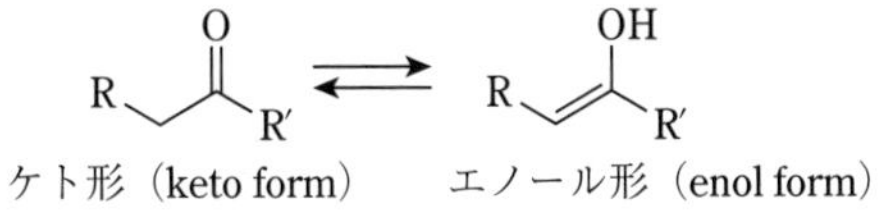

図1　ケト‐エノール互変異性

れぞれ異なっていて原子の位置が変化している「構造異性体」であり，その異性化の速度や平衡定数は，物質の種類や温度，pH，溶媒の種類などによって変化する。

　また，ほとんどのアルデヒドやケトンは，ケト形が優先的に存在している。例えば，**図2**に示すアセトアルデヒドやアセトンは，ほぼ100％がケト形であり，エノール形はわずかにしか存在しない。通常ケト形が安定であるおもな理由は，ケト形における結合エネルギーの和が，エノール形の結合エネルギーの和よりも大きいからである。一般的に結合エネルギーの和が大きいほど，その化合物は安定になる。**図3**に示す酢酸エチルやシクロヘキサノンもケト形が安定な化合物の例である。

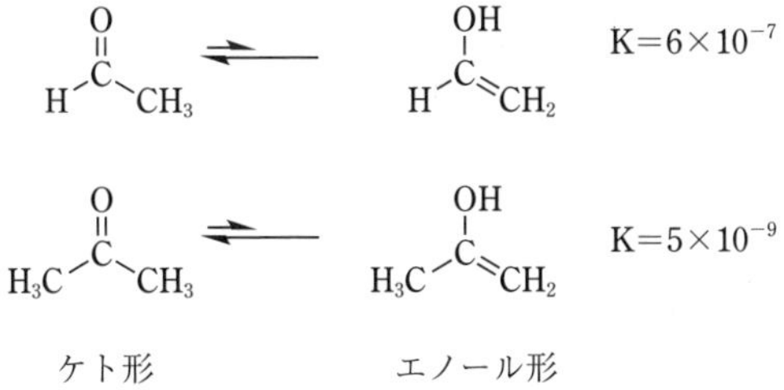

図2　アセトアルデヒドおよびアセトンのケト‐エノール互変異性

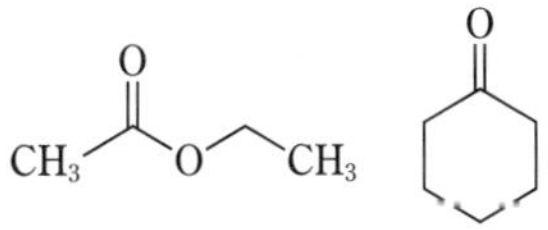

図3　酢酸エチルやシクロヘキサノンの化学構造式

　例外的に，複雑な構造をもつカルボニル化合物には，互変異性において，エノール形の割合が大きいものがある。このような分子は，エノール形よりケト形が有利になるという結合エネルギーの差よりも，エノール形を取ったときに得られる安定化の影響が大きい場合である。例えば，つぎの**図4**に示すアセチルアセトン（2,4-ペンタジ

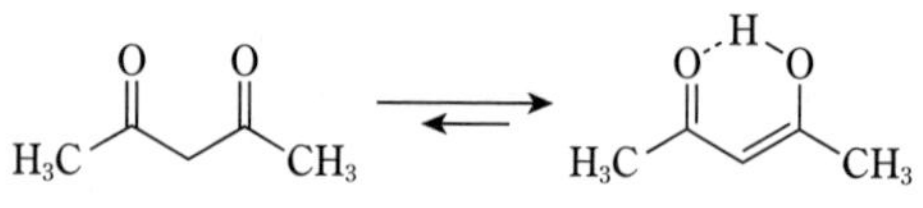

図4 複雑な構造をもつカルボニル化合物のケト‐エノール互変異性

オン）は，ケト形よりもエノール形の割合のほうが大きい。

アセチルアセトンのエノール形では，分子内で水素結合を形成することができ，これがエノール形を安定化している一つの理由となっている。さらに，エノール形では，C＝C結合と残ったカルボニル基（－CO－）が共役しており，2p軌道による共役系が長くなっていることがわかる。一般的に共役系は長くなるほど，分子全体のエネルギーが低下するほど，分子の安定性が高まる。よって，これらが原因となって，平衡の方向がケト形からエノール形へ大きくシフトしている。一般にアセチルアセトンのような β-ジカルボニル化合物（1,3-ジカルボニル化合物）は，ケト形よりもエノール形の割合のほうが大きくなる。

エノール形が最も優位な化合物は，**図5**に示すフェノールである。芳香族ケトンから芳香族エノール形の生成の平衡定数はかなり大きい。フェノールでは，エノール形を取ったときに得られる芳香族環による共鳴安定化の寄与が大きく，仮にケト形を取った場合では，芳香族性が破壊されてしまうので，エノール形がきわめて有利になる。

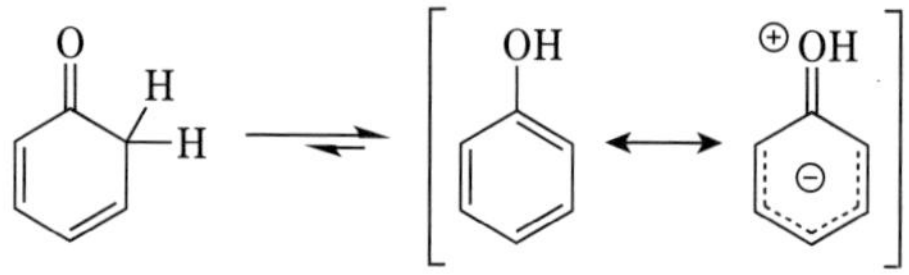

図5 フェノールのケト‐エノール互変異性

よって，選択肢の中には**3**のアセチルアセトン以外に β-ジカルボニル化合物やフェノールが存在していないので，**3**が該当する。

[正解] 3

-------- [問] 14 --------------------------------

2-ペンタノールを50％硫酸水溶液に加え，水浴上で加熱したときに得られる

主生成物の構造式として正しいものを一つ選べ。

1 $CH_3-CH_2-CH_2-CH_2-CH_3$

2 $CH_2=CH-CH_2-CH_2-CH_3$

3
$$\underset{CH_3}{\overset{H}{}}C=C\underset{H}{\overset{CH_2-CH_3}{}}$$

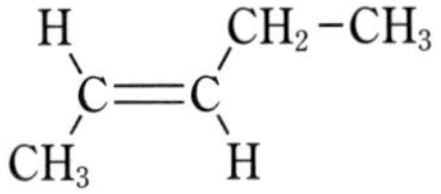

4
$$\underset{CH_3}{\overset{H}{}}C=C\underset{CH_2-CH_3}{\overset{H}{}}$$

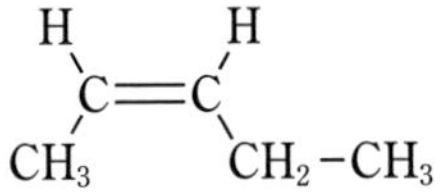

5
$$\underset{CH_2-CH_2}{\overset{CH_3}{\underset{|}{CH}}}—\overset{}{\underset{|}{CH_2}}$$

────────────────────────

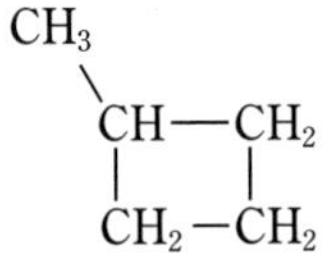

〔題 意〕 2-ペンタノールの脱水反応について基礎知識を問う。

〔解 説〕 酸性条件におけるアルコールの脱水は，第3級アルコールのほうが第2級アルコールより起こりやすい。酸性条件におけるアルコールの分子内脱水はE1反応の機構で進行する。E1反応はカルボカチオン（C^+）を生成する段階が律速段階であるため，生成するカルボカチオンの安定性が高いアルコールほど酸性条件下における脱水は起こりやすい。よって，酸性条件下におけるアルコールの脱水（E1反応）の反応性の序列は，生成するカルボカチオンの安定性の序列と一致し，高いものから第3級 ＞ 第2級 ＞ 第1級である。それは，カルボカチオン（C^+）の安定性について，電子供与基であるアルキル基の置換数が多くなるほど，C^+ の正電荷が弱められ，C^+ の安定性は高くなるからである。したがって，カルボカチオンの安定性とアルキル置換基の数について，安定性の高いものから，第3級 ＞ 第2級 ＞ 第1級 ＞ メチルの序列である。

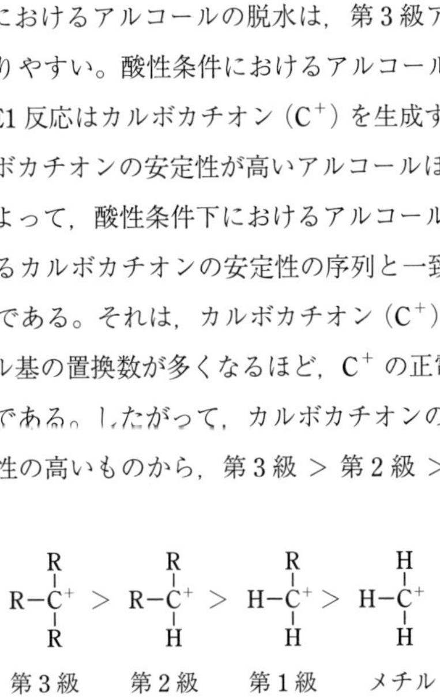

$$\underset{第3級}{\overset{R}{\underset{|}{R-\overset{|}{C^+}}}{}} > \underset{第2級}{\overset{R}{\underset{H}{R-\overset{|}{C^+}}}{}} > \underset{第1級}{\overset{R}{\underset{H}{H-\overset{|}{C^+}}}{}} > \underset{メチル}{\overset{H}{\underset{H}{H-\overset{|}{C^+}}}{}}$$

図1 カルボカチオンの安定性

また，脱離反応では，通常，生成するアルケンについて C＝C の置換基の数が多い
ものが主生成物となる。これをセイチェフ則またはザイチェフ則と呼ぶ。脱離反応が
セイチェフ則に従う理由は，アルケンの安定性について，C＝C のアルキル置換基の
数が多いほど，エネルギーが低く熱力学的に安定性が高いからである。アルコールの
酸性条件下における分子内脱水（E1 機構）で生成するアルケンについても，セイチェ
フ則に従い，C＝C の置換基の数がより多いものが主生成物となる。よって，脱離す
る水素原子は，**図 2** 中の炭素 1 に付く水素原子より炭素 3 に付く水素原子のほうが支
配的となり，その結果 2-ペンタンを生成する。さらに，反応の遷移状態をニューマン
投影図で考えたとき，シスを与える遷移状態ではメチル基とエチル基が接近している
ため，立体的に混雑しており，トランスを与える遷移状態より不安定である。よって，
生成するから 2-ペンテンはトランス体が主成分となる。

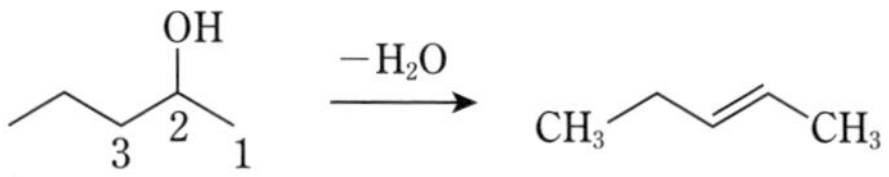

図 2　2-ペンタノールの脱水反応により生成するトランス -2-ペンテンの化学構造式

よって，**3** の化合物が該当する。

[正解] 3

---- **[問] 15** ---

A と B から C を生成する素反応について，A と B の初濃度（$[A]_0$ と $[B]_0$）を
変えて C の初期生成速度 v_0 を測定する実験（ア）～（ウ）を行ったところ，下表
の結果が得られた。この化学反応式として正しいものを **1**～**5** の中から一つ
選べ。

実験	$[A]_0/\text{mol L}^{-1}$	$[B]_0/\text{mol L}^{-1}$	$v_0/\text{mol L}^{-1}\text{s}^{-1}$
（ア）	0.10	0.10	1.0×10^{-3}
（イ）	0.10	0.20	2.0×10^{-3}
（ウ）	0.20	0.20	1.6×10^{-2}

1　A＋B → C

2　A＋2B → C

3　$2A + B \rightarrow C$

4　$2A + 3B \rightarrow C$

5　$3A + B \rightarrow C$

［題 意］ 初濃度と初期生成速度から化学反応式を求める基礎的な計算問題である。

［解 説］ 与えられた解答群の記載内容から，a モルの成分 A および b モルの成分 B から成分 C が 1 モル生成しているので，求める化学反応式を

$$aA + bB \xrightarrow{\ k\ } C \tag{1}$$

とすると，C の初期生成速度 v_0 についての反応速度式は，つぎのようになる。

$$v_0 = \frac{\mathrm{d}}{\mathrm{d}t}[C] = k[A]^a[B]^b \tag{2}$$

　設問に与えられた初濃度（$[A]_0$ と $[B]_0$）および初期生成速度 v_0 をこの式 (2) に代入して求めると

（ア）　$1.0 \times 10^{-3} = k[0.1]^a[0.1]^b$ (3)

（イ）　$2.0 \times 10^{-3} = k[0.1]^a[0.2]^b$ (4)

（ウ）　$1.6 \times 10^{-2} = k[0.2]^a[0.2]^b$ (5)

　式 (3) と (4) から，式 (4) と (5) のそれぞれについて k を消去して a および b を求めると

$$k = \frac{1.0 \times 10^{-3}}{[0.1]^a[0.1]^b} = \frac{2.0 \times 10^{-3}}{[0.1]^a[0.2]^b}$$

$$\frac{1}{2} = \frac{[0.1]^b}{[0.2]^b} = \left(\frac{1}{2}\right)^b$$

$$\therefore \quad b = 1$$

$$k = \frac{2.0 \times 10^{-3}}{[0.1]^a[0.2]^b} = \frac{1.6 \times 10^{-2}}{[0.2]^a[0.2]^b}$$

$$\frac{2.0}{16} = \frac{[0.1]^a}{[0.2]^a} = \left(\frac{1}{2}\right)^a$$

$$\therefore \quad a = 3$$

よって，化学反応式は，$3A + B \rightarrow C$ となり，**5** の化学反応式が該当する。

［正 解］ **5**

------ 問 **16** ------

カルボニル基をもつ化合物の赤外吸収スペクトルを溶液法で測定したところ，下図のとおり波数 1 750 cm^{-1} 付近に C＝O 伸縮振動の吸収が現れた。

5.0×10^{-2} mol^{-1} の溶液においてこの吸収ピークの透過率が 1.0 % であるとき（実線），10 % の透過率（点線）を示す溶液の濃度は幾らか。**1** ～ **5** の中から最も近いものを一つ選べ。ただし，測定した濃度範囲で次の Lambert-Beer の法則が成立するものとする。

$$-\log_{10} \frac{I}{I_0} = \varepsilon C l \begin{bmatrix} I_0：入射光強度，I：透過光強度，\varepsilon：モル吸光係数 \\ C：溶液のモル濃度，l：測定セルの光路長 \end{bmatrix}$$

1 2.5×10^{-2} mol L^{-1}

2 3.0×10^{-2} mol L^{-1}

3 3.5×10^{-2} mol L^{-1}

4 4.0×10^{-2} mol L^{-1}

5 4.5×10^{-2} mol L^{-1}

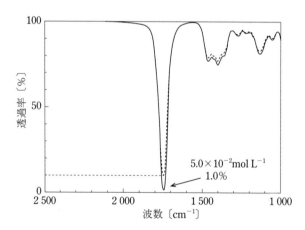

題意 ランベルト・ベールの法則を用いた基礎的な計算問題である。

解説 溶液の吸光度 A は試料の濃度 C，試料液の入った容器の幅（光路長）l に比例する。この法則をランベルト・ベールの法則といい，次式で表される。

$$A = \log \frac{I}{I_0} = eCl \tag{1}$$

ここで，I_0：入射光強度，I：透過光強度，l：試料溶液層の光路長，C：試料溶液の濃度，ε：モル吸光係数である。

モル吸光係数 ε〔$1\,000\,\mathrm{cm^2\,mol^{-1}}$ または $\mathrm{L\,mol^{-1}\,cm^{-1}}$〕とは，濃度 C を 1 モル濃度〔$\mathrm{mol\,L^{-1}}$〕，光路長 l を 1 cm で表したときの吸光度に相当する。

吸光度は透過度の逆数の常用対数と定義され，吸収スペクトル測定による定量の基礎となる。

$$A = \log \frac{I_0}{I} = -\log t = -\log \frac{T}{100} = 2 - \log T \tag{2}$$

ここで，t：透過度，T：透過率〔％〕である。

この式 (2) に設問の透過率を代入して吸光度を求めると，透過率 1.0％は

$$A = 2 - \log 1.0 = 2$$

透過率 10％は

$$A = 2 - \log 10 = 2 - 1 = 1$$

となるので，これらを式 (1) に代入して，濃度を求めると

$$2 = \varepsilon \times 5.0 \times 10^{-2}\,\text{〔mol\,L}^{-1}\text{〕} \times l$$

$$1 = \varepsilon \times C \times l$$

$$\varepsilon l = \frac{2}{5.0 \times 10^{-2}} = \frac{1}{C}$$

$$\therefore \quad C = 2.5 \times 10^{-2}\,\text{〔mol\,L}^{-1}\text{〕}$$

よって，**1** の数値が最も近い。

〔正 解〕 **1**

〔問〕**17**

27℃において，2 種類の純粋な液体を 0.50 mol ずつ混合して理想溶液をつくるとき，系全体の自由エネルギー変化は幾らになるか。次の中から最も近いものを一つ選べ。ただし，溶液中の成分 A のモル分率を x_A，R を気体定数（$8.31\,\mathrm{J}$ $\mathrm{mol^{-1}\,K^{-1}}$），$T$ を絶対温度とすると，混合による液体 A の 1 mol あたりの自由エネルギー変化（ΔG_A）は $\Delta G_A = RT \ln x_A$ で与えられる。また，$\ln 2 = 0.693$ とする。

1　　−1 728 J

2　　−864 J

3　　383 J

4　　864 J

5　　1 728 J

[題 意]　理想溶液における2成分の混合による自由エネルギーを求める計算問題である。

[解 説]　混合による液体Aの1 mol当りの自由エネルギー変化 ΔG_A は，次式で示される。

$$\Delta G_A = RT \ln x_A \tag{1}$$

ここで，R：気体定数〔$J\,mol^{-1}K^{-1}$〕，T：絶対温度〔K〕，x_A：成分Aのモル分率である。

同様に成分Bについても式(1)が成立するとすると

$$\Delta G_B = RT \ln x_B \tag{2}$$

となり，それぞれの純粋な液体を混合して，それぞれ n_A〔$mol\,L^{-1}$〕，n_B〔$mol\,L^{-1}$〕を1 L調製したとすると，系全体の自由エネルギー変化は次式で求められる。

$$\Delta G_A + \Delta G_B = n_A RT \ln x_A + n_B RT \ln x_B \tag{3}$$

となるので，これらを式(3)に代入して，系全体の自由エネルギー変化を求めると

$$\Delta G_A + \Delta G_B = 0.5\ mol \times 8.31\ J\,mol^{-1}K^{-1} \times (273 + 27)\ K \times \ln 0.5 + 0.5\ mol$$
$$\times 8.31 \times (273 + 27) \times \ln 0.5$$
$$= -1\,728\ J$$

よって，**1**の数値が最も近い。

[正 解]　**1**

-----**[問] 18** -----

下の図はある結晶の単位格子である。●をA原子，○をB原子とすると，この物質の組成式として，正しいものを次の中から一つ選べ。ただし，B原子は単位格子を8等分した立方体の各中心に位置する。

1 AB

2 AB$_2$

3 A$_2$B

4 A$_2$B$_3$

5 A$_7$B$_4$

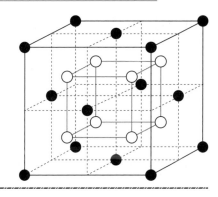

〔**題　意**〕 結晶の単位格子中に含まれる原子数から結晶の組成式を求める問題である。

〔**解　説**〕 図に2元素から構成された結晶の構造をA原子およびB原子に分離させて示す。単位格子に含まれるA原子の数は，1/8割球が上下の面に計8個あり，1/2割球が立方体の6面の中央に計6個ある。これらを合計すると全部で4個（$1/8 \times 8 + 1/2 \times 6 = 4$）になる。

一方，単位格子に含まれるB原子の数は，完全球が単位格子内に計8個ある。よって，AおよびB原子の構成比は，A：B＝4：8＝1：2となるから，結晶の組成式は，AB$_2$となる。

よって，**2**の組成式が該当する。

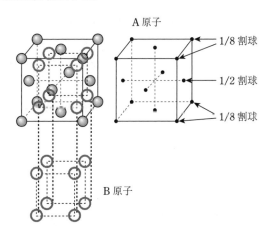

図　AおよびB原子からなる結晶の構造

【正 解】 2

------ 【問】 19 ------

理想気体に関する次の記述の中から，誤っているものを一つ選べ。

1 理想気体では，分子間に相互作用は働かない。

2 理想気体は，液体や固体に状態変化しない。

3 理想気体は，絶対零度では体積が0になる。

4 実在気体1 mol の体積は，一定の圧力下では低温になるにしたがって理想気体1 mol の体積に近づく。

5 実在気体1 mol の体積は，一定の温度下では低圧になるにしたがって理想気体1 mol の体積に近づく。

【題 意】 理想気体について基礎知識を問う。

【解 説】 理想気体（完全気体ともいう。）は，圧力が温度と密度に比例し，内部エネルギーが密度に依らない想像上の気体である。統計力学および気体分子運動論においては，気体を構成する個々の粒子の大きさが無視できるほど小さく，構成粒子間には引力が働かない系である（**1**および**2**の記載内容は正しい。）。実際には，どんな気体分子にも，ある程度の大きさがあり，分子間力も働いているので，理想気体は実在しない。理想気体に対して現実の気体は，実在気体（不完全気体ともいう。）という。実在気体も，低圧で高温の状態では理想気体に近い振る舞いをするため，常温・常圧において，実在気体を理想気体とみなしても問題ない場合は多い（**4**の記載内容は誤りであり，**5**の記載内容は正しい。）。

理想気体の状態方程式において，気体の圧力P，体積V，絶対温度Tのとき，式 (1) の状態方程式を満たす。

$$PV = nRT \tag{1}$$

ここで，nは気体のモル数，Rは気体定数である。

$$R = 0.082\,1\,\text{L atm K}^{-1}\,\text{mol}^{-1}, \quad 8.314\,\text{J K}^{-1}\,\text{mol}^{-1}$$

この式から，一定圧力下では絶対温度Tが0のときは，体積は0になることがわかる（**3**の記載内容は正しい。）。

〔正 解〕　**4**

---- 問 **20** --

　ある物質の分解反応は一次反応で表せる。20 ℃での反応速度定数 k が $7.0 \times 10^{-2}\,\mathrm{min}^{-1}$ の場合，この分解反応の半減期は幾らか。次の中から最も近いものを一つ選べ。ただし，C_0：時刻 0 での濃度，C：時刻 t での濃度，とすると，一次反応では $C = C_0 \exp(-kt)$ の関係が成立する。また，必要ならば $\ln 2 = 0.693$ を用いよ。

1　1 min

2　10 min

3　14 min

4　29 min

5　100 min

〔題 意〕　一次反応の速度式を使った基礎的な計算問題である。

〔解 説〕　一次反応の積分型速度式は，式 (1) で表される。ここで，C_{A0} はある物質の初濃度，C_A は t 秒後のある物質の残存濃度，k_1 は反応速度定数であり，温度一定で定数である。半減期とは，$t_{0.5}$ 秒後に C_{A0} が，50 %になったときの時間をいう。これを式 (1) に当てはめて半減期を求めることができる。

$$\ln \frac{C_{A0}}{C_A} = k_1 \cdot t \tag{1}$$

$$\ln \frac{C_{A0}}{\frac{1}{2} C_{A0}} = k_1 \cdot t_{0.5} = 7.0 \times 10^{-2}\,[\mathrm{min}^{-1}] \cdot t_{0.5}$$

$$t_{0.5} = \frac{\ln 2}{7.0 \times 10^{-2}} = 0.099 \times 10^2 = 9.9\,[\mathrm{min}]$$

よって，**2** の数値が最も近い。

〔正 解〕　**2**

------ 問 21 ------

原子の性質に関する次の記述の中から，誤っているものを一つ選べ。

1 電子親和力の値が大きい原子ほど陰イオンになりやすい。

2 イオン化エネルギーの値が小さい原子ほど陽イオンになりやすい。

3 イオン化エネルギーが最大の原子はヘリウムである。

4 1族元素の原子は，電子を1個放出して，周期表の同じ周期にある18族元素の原子と同じ電子配置をもつ陽イオンになりやすい。

5 17族元素の原子は，電子を1個受け取って，周期表の同じ周期にある18族元素の原子と同じ電子配置をもつ陰イオンになりやすい。

題 意 元素の長周期表（18族）において，原子の性質について基礎知識を問う。

解 説 電子親和力とは，原子が電子1個を取り入れて陰イオンになるときに放出するエネルギー E_B をいう。この値が大きいほど陰イオンになりやすい（**1** の記載内容は正しい。）。

$$B + e^- \longrightarrow B^- + \Delta E_B$$

長周期表において希ガスを除く元素の範囲で右上に行くほど電子親和力は大きくなるので，17族元素の原子は，電子1個を取り入れて陰イオンになりやすく，周期表の同じ周期にあたる18族元素の原子と同じ電子配置になる（**5** の記載内容は正しい。）。

イオン化エネルギー（イオン化ポテンシャル）は，原子から電子1個を取り去るのに必要なエネルギーをいう。この値が小さいほど陽イオンになりやすく，アルカリ金属ではこの値が元素の中で最も小さく，希ガスではこの値が非常に大きい（**2** および **3** の記載内容は正しい。）。

$$A + I_A \longrightarrow A^+ + e^-$$

また，1族の原子であるアルカリ金属は，電子1個を放出して周期表において一つ上の周期に当たる18族元素の原子と同じ電子配置をもつ陽イオンになりやすい（**4** の記載内容は誤りである。）。

正 解 4

------- 問 22 -------

　液体状態のヘリウム 1 L が全て蒸発して 300 K，1 atm の気体になったとき，体積は元の状態から何倍に変化するか。**1** 〜 **5** の中から最も近いものを一つ選べ。ただし，液体ヘリウムの密度は 0.13 g cm^{-3}，ヘリウムの原子量は 4.0，気体定数 $R = 0.082$ L atm K^{-1} mol^{-1} とし，気体は理想気体としてふるまうものとする。

1　25 倍

2　360 倍

3　400 倍

4　730 倍

5　800 倍

（題 意） 気体の状態方程式に関する計算問題である。

（解 説） 理想気体は圧力 P，体積 V，絶対温度 T において，次式の気体の状態方程式を満たす。

$$PV = nRT \tag{1}$$

ここで，n は気体のモル数，R は気体定数（0.082 L atm K^{-1} mol^{-1}，8.314 J K^{-1} mol^{-1}）である。

　ヘリウムは，単原子でヘリウム分子を構成するので，1 L の体積と密度からモル数を求め，式 (1) に当てはめて気体の体積をつぎのように求めることができる。

$$V = \frac{nRT}{P} = \frac{\dfrac{1 \times 10^3 \, \text{cm}^3 \times 0.13 \, \text{g cm}^{-3}}{4.0 \, \text{g mol}^{-1}} \times 0.082 \times 300 \, \text{K}}{1} = 799.5 \, \text{L} \cong 800 \, \text{L}$$

　したがって，初めにあった液体 1 L から 800 L の気体になったので，800 倍に変化したことになる。よって，**5** の数値が最も近い。

（正 解） **5**

------- 問 23 -------

次の **1** 〜 **5** の化合物のうち，下線の原子の酸化数が最も大きいものはどれか。

正しいものを一つ選べ。

　1　塩化ナトリウム (Na<u>Cl</u>)

　2　次亜塩素酸 (H<u>Cl</u>O)

　3　水素化ナトリウム (Na<u>H</u>)

　4　過酸化水素 (H₂<u>O</u>₂)

　5　過塩素酸 (H<u>Cl</u>O₄)

［題 意］　化合物を構成する元素の酸化数を求める問題である。

［解 説］　酸化数は，以下の ① ～ ⑤ の法則に従って化合物を構成する元素の酸化数を求める。

①　化合物を構成しない単体の原子の酸化数は 0 である。

②　単原子イオンは，そのイオン価がそのまま酸化数となる。

③　電気的に中性の化合物は，構成物質の酸化数の総和は 0 である。よって，**1** の塩化ナトリウムの塩素の酸化数は，-1 である。

④　化合物の中の水素原子の酸化数は $+1$，酸素原子の酸化数は -2 とする（例外として，金属元素の水素化化合物の H 原子の酸化数は -1，過酸化物中の O 原子の酸化数は -1 である。）。よって，**2** の次亜塩素酸の塩素の酸化数は，$(\mathrm{H})(+1)(\mathrm{Cl})(+1)(\mathrm{O})(-2)=0$ より，$+1$ である。**3** の水素化ナトリウムの水素の酸化数は，例外が適用されて -1 である。**5** の過塩素酸の塩素の酸化数は，$(\mathrm{H})(+1)(\mathrm{Cl})(+7)(\mathrm{O})_4(-2\times4=-8)=0$ より，$+7$ である。**4** の過酸化水素の酸素の酸化数は，例外が適用されて -1 である。

⑤　多原子分子・多原子イオン中の原子の場合には，ある原子の酸化数は［その原子のもつ電荷］＋［その原子よりも電気陰性度が大きい原子との結合数］－［その原子よりも電気陰性度が小さい原子との結合数］である。電気陰性度が高い原子と結合している場合は，結合相手に電子を奪われ，電気陰性度の低い原子と結合している場合は，結合相手より電子を得ていると考える。ある多原子分子・多原子イオンを構成しているすべての原子の酸化数の和は，その多原子分子・多原子イオンのもつイオン価と等しい。

したがって，酸化数が最も大きいものは，**5** の過塩素酸の塩素である。

[正 解] 5

---- [問] 24 ----

次に示す組立単位と基本単位の関係式の中から，誤っているものを一つ選べ。

1 $N = kg\ m\ s^{-2}$

2 $J = kg\ m$

3 $W = kg\ m^2\ s^{-3}$

4 $Hz = s^{-1}$

5 $V = kg\ m^2\ s^{-3}\ A^{-1}$

[題 意] 組立単位と基本単位の関係式について基礎知識を問う。

[解 説] いくつかの SI 組立単位には，固有の名称と記号が与えられている。**表**に固有の名称を持つ SI 組立単位 22 個を示す。それぞれ，基本単位のみにより表したもの，他の SI 単位を用いて表したものを示した。

表　固有の名称と記号をもつ 22 個の SI 単位

組立量	単位の固有の名称	基本単位のみにより表したもの	他の SI 単位を用いて表したもの
平面角	ラジアン（radian）	$rad = m/m$	
立体角	ステラジアン（steradian）	$sr = m^2/m^2$	
周波数	ヘルツ（hertz）	$Hz = s^{-1}$	
力	ニュートン（newton）	$N = kg \cdot m \cdot s^{-2}$	
圧力，応力	パスカル（pascal）	$Pa = kg \cdot m^{-1} \cdot s^{-2}$	
エネルギー，仕事，熱量	ジュール（joule）	$J = kg \cdot m^2 \cdot s^{-2}$	$N \cdot m$
仕事率，放射束	ワット（watt）	$W = kg \cdot m^2 \cdot s^{-3}$	J/s
電荷	クーロン（coulomb）	$C = A \cdot s$	
電位差	ボルト（volt）	$V = kg \cdot m^2 \cdot s^{-3} \cdot A^{-1}$	W/A
静電容量	ファラド（farad）	$F = kg^{-1} \cdot m^{-2} \cdot s^4 \cdot A^2$	C/V
電気抵抗	オーム（ohm）	$\Omega = kg \cdot m^2 \cdot s^{-3} \cdot A^{-2}$	V/A
コンダクタンス	ジーメンス（siemens）	$S = kg^{-1} \cdot m^{-2} \cdot s^3 \cdot A^2$	A/V
磁束	ウェーバ（weber）	$Wb = kg \cdot m^2 \cdot s^{-2} \cdot A^{-1}$	$V \cdot s$
磁束密度	テスラ（tesla）	$T = kg \cdot s^{-2} \cdot A^{-1}$	Wb/m^2

インダクタンス	ヘンリー（henry）	$H = kg \cdot m^2 \cdot s^{-2} \cdot A^{-2}$	Wb／A
セルシウス温度	セルシウス度（degree Celsius）	$℃ = K$	
光束	ルーメン（lumen）	$lm = cd \cdot sr$	cd・sr
照度	ルクス（lux）	$lx = cd \cdot sr \cdot m^{-2}$	lm／m²
放射性核種の放射能	ベクレル（becquerel）	$Bq = s^{-1}$	
吸収線量，カーマ	グレイ（gray）	$Gy = m^2 \cdot s^{-2}$	J／kg
線量当量	シーベルト（sievert）	$Sv = m^2 \cdot s^{-2}$	J／kg
酵素活性	カタール（katal）	$kat = mol \cdot s^{-1}$	

　留意点として，22 個の SI 組立単位のうち，カタール（kat）は，法定計量単位ではない。1 K の温度差は 1 ℃ の温度差と等しいが，絶対温度に関しては，273.15K の差を考慮する。これらの単位のうち，ラジアン（rad），ステラジアン（sr），ルーメン（lm），ルクス（lx），カタール（kat）の 5 個の単位記号は人名に由来しないので，小文字で始まり，残りの 17 個の単位の記号は人名に由来するので，大文字で始まる。

　この表からわかるように，J（ジュール）は N・m であることから，$kg \cdot m^2 \cdot s^{-2}$ が正しい表記になる。よって，**2** の記載内容は誤りである。

（**正解**）　**2**

---- 問 25 ----

　ハロゲンを含む化合物に関する次の記述の中から，誤っているものを一つ選べ。

1　よう化カリウムは，空気中の酸素と光によって徐々によう素を遊離させる。

2　臭化ナトリウムは，塩化ナトリウム型結晶構造をとる。

3　過塩素酸カリウムは，有機物と混合して加熱すると爆発することがある。

4　ふっ化水素酸は，同一濃度の塩酸よりも強い酸性を示す。

5　1 atm において，ふっ化水素の沸点は，塩化水素の沸点よりも高い。

（**題意**）　ハロゲン化物の性質について基礎知識を問う。

（**解説**）　ヨウ化カリウムは，空気酸化と光によって徐々にヨウ素が遊離し，黒ず

むので，遮光の上，密栓して保存する必要がある（**1**の記載内容は正しい。）。

臭化ナトリウムは，ナトリウムイオンおよび臭化物イオンからなるイオン結晶で，塩化ナトリウム型構造をとり，格子定数は596.1 pmである（**2**の記載内容は正しい。）。

過塩素酸カリウムは，不燃性だが，他の物質の燃焼を助長する。多くの反応により，火災や爆発を生じることがある。火災時に，刺激性あるいは有毒なフュームやガスを放出する（**3**の記載内容は正しい。）。

ハロゲン化水素の酸性度の序列は，共役塩基について，負電荷の分散する範囲，および安定性で説明することができる。ハロゲン化水素の共役塩基であるハロゲンアニオンは，アニオンの半径が大きいほど負電荷の分散する範囲は広いため，$F^- < Cl^- < Br^- < I^-$ の順に共役塩基としての安定性が高くなる。よって，ハロゲン化水素の酸性の強さはハロゲンの原子半径が大きくなるほど強くなり，HF < HCl < HBr < HI の順に酸性が強くなる。特に HF は F の電気陰性度が大きいために強く分極しており，水中では水素結合により安定化するため，弱い酸である（**4**の記載内容は誤りである。）。

ハロゲン化水素の沸点の序列は，HCl（-85 ℃）< HBr（-67 ℃）< HI（-35 ℃）< HF（20 ℃）の順番になる。HCl，HBr，HI については，分子量が大きくなることによるファンデルワールス力の増大により沸点が高くなる。HF が分子量が小さいにもかかわらず沸点が大きくなるのは，F の電気陰性度が大きいため，F－H 結合が分極し，水素結合により数個の HF が会合していることによりハロゲン化水素の中で沸点が最も高い（**5**の記述内容は正しい。）。

〔正 解〕 **4**

2. 化学分析概論及び濃度の計量

環 濃

2.1 第71回（令和2年12月実施）

---- 問 1 ----

以下の表はイオン電極の種類の例を示している。表中の（ア）〜（ウ）に入る内容の組合せとして，正しいものを一つ選べ。

電極の種類	電極の形式	応答こう配*	測定 pH 範囲
（ア）	固体膜電極（単結晶）	−50 〜 −60	5 〜 8
Ca^{2+}	液体膜電極	（イ）	5 〜 8
CN^-	固体膜電極	−50 〜 −60	（ウ）

*応答こう配は，（mV/10 倍濃度変化（25℃））で表した値である。

	（ア）	（イ）	（ウ）
1	F^-	25 〜 30	11 〜 13
2	$NH_4{}^+$	−100 〜 −120	11 〜 13
3	Cl^-	−100 〜 −120	2 〜 13
4	$NH_4{}^+$	25 〜 30	2 〜 5
5	F^-	−100 〜 −120	2 〜 5

〔題 意〕 イオン電極の種類について基礎知識を問う。

〔解 説〕 JIS K 0122「イオン電極測定方法通則」におもなイオン電極の種類が示されている（表参照）。この表から測定対象イオンである電極の種類に応じて，電極の形式，応答こう配，測定 pH 範囲などがわかる。表から，設問の（ア）の電極の種類は，F^-，（イ）の応答こう配は 25 〜 30，（ウ）の測定 pH 範囲は 11 〜 13 であることがわかる。よって，**1** が該当する。

表 イオン電極の種類の一例

使用するイオン電極 電極の形式	電極の種類	おおよその定量範囲 mg/dm³	mol/dm³	応答こう配 S (mV/10倍濃度変化)	測定pH 範囲	妨害を与える主なイオン
ガラス膜電極	Na^-	0.2 ～ 23 000	$10^{-5} ～ 100$	50 ～ -60	6 ～ 11	Ag^+, H^+
固体膜電極	Cl^-	2 ～ 35 000	$5×10^{-5} ～ 100$	-50 ～ -60	2 ～ 11	S^{2-}, CN^-, $S_2O_3^{2-}$, Br^-
	Br^-	0.1 ～ 80 000	$10^{-6} ～ 100$	-50 ～ -60	2 ～ 12	S^{2-}, CN^-
	I^-	0.1 ～ 13 000	$10^{-6} ～ 10^{-1}$	-50 ～ -60	3 ～ 12	S^{2-}, CN^-
	CN^-	0.03 ～ 260	$10^{-6} ～ 10^{-2}$	-50 ～ -60	11 ～ 13	S^{2-}, I^-
	S^{2-}	0.03 ～ 32 000	$10^{-6} ～ 100$	-25 ～ -30	13 ～ 14	
	Ag^+	0.01 ～ 100 000	$10^{-7} ～ 100$	50 ～ 60	2 ～ 9	Hg^{2+}
	Pb^{2+}	0.2 ～ 20 000	$10^{-6} ～ 10^{-1}$	25 ～ 30	4 ～ 7	Hg^{2+}, Ag^+, Cu^{2+}, Fe^{3+}, Cd^{2+}, Cl_2
	Cd^{2+}	0.01 ～ 11 000	$10^{-7} ～ 10^{-1}$	25 ～ 30	3 ～ 7	Hg^{2+}, Ag^+, Cu^{2+}, Fe^{3+}, Cd^{2+}, Cl_2
	Cu^{2+}	0.01 ～ 6 000	$10^{-7} ～ 10^{-1}$	25 ～ 30	3 ～ 7	Hg^{2+}, Ag^+
固体膜電極（単結晶）	F^-	0.02 ～ 20 000	$10^{-6} ～ 100$	-50 ～ -60	5 ～ 8	Al^{3+}, Fe^{3+}, Ca^{2+}, OH^-
液体膜電極	Cl^-	3 ～ 3 500	$10^{-4} ～ 10^{-1}$	-50 ～ -60	3 ～ 10	ClO_4^-, I^-, Br^-, NO_3^-
	NO_3^-	6 ～ 6 000	$10^{-4} ～ 10^{-1}$	-50 ～ -60	3 ～ 10	ClO_4^-, I^-
	Li^+	0.1 ～ 700	$10^{-5} ～ 10^{-1}$	50 ～ 60	3 ～ 10	K^+, Na^+, Cs^+
	Na^+	0.2 ～ 20 000	$10^{-5} ～ 100$	50 ～ 60	3 ～ 10	K^+
	X^+	0.4 ～ 4 000	$10^{-5} ～ 10^{-1}$	50 ～ 60	3 ～ 10	Cs^+
	NH_4^+	0.2 ～ 18 000	$10^{-5} ～ 100$	50 ～ 60	4 ～ 8	K^+, Na^+
	Ca_2^+	0.4 ～ 4 000	$10^{-5} ～ 10^{-1}$	25 ～ 30	5 ～ 8	Zn^{2+}
	2価陽イオン	0.4 ～ 4 000	$10^{-5} ～ 10^{-1}$	25 ～ 30	5 ～ 8	
隔膜形電極 （ガス透過膜電極）	NH_3	0.03 ～ 170	$2×10^{-6} ～ 10^{-2}$	-50 ～ -60	11 ～ 13	揮発性アミン
	CO_2	4 ～ 440	$10^{-4} ～ 10^{-2}$	50 ～ 60	0 ～ 4	NO_2, SO_2, CH_3COO^-
	NO_2	0.2 ～ 460	$5×10^{-6} ～ 10^{-2}$	50 ～ 60	0 ～ 1	CO_2, CH_3COO^-

〔正 解〕 1

---- 〔問〕 2 ----

　成分 A の質量濃度が 10 mg／L の水溶液 100 mL に，成分 B を質量分率 90 ％で含む試薬を加えて均一な溶液とし，成分 A と成分 B の質量濃度が等しい混合溶液を調製するとき，成分 B を含む試薬の加えるべき質量（mg）として，もっとも近い値を次の中から一つ選べ。ただし，混合前の成分 A の水溶液に成分 B は含まれておらず，また，成分 B を含む試薬に成分 A は含まれていないものとする。さらに，混合により成分 A と成分 B は反応しないものとし，混合前後の体積変化は無視できるものとする。

　　1　0.80

　　2　0.90

　　3　1.0

　　4　1.1

　　5　1.3

〔題 意〕　2 成分の質量濃度を扱った簡単な計算問題である。

〔解 説〕　添加する成分 B の質量を x〔mg〕としたとき，その絶対質量が，成分 A の絶対質量と同じになるように，次式より求める。

　　成分 A の絶対質量：$10.0 \,\mathrm{mg／L} \times \dfrac{1\,000 \,\mathrm{mL}}{1\,000 \,\mathrm{mL／L}} = 1.0 \,\mathrm{mg}$

　　成分 B の絶対質量：$x \,\text{〔mg〕} \times \dfrac{90}{100} = 1.0 \,\mathrm{mg}$

　　$x = 1.0 \times \dfrac{100}{90} = 1.11 \,\mathrm{mg}$

〔正 解〕 4

---- 〔問〕 3 ----

「JIS K 0114 ガスクロマトグラフィー通則」に記載されているガスクロマトグ

ラフの使用上の注意点について，誤っているものを一つ選べ。

1　広い沸点範囲をもつ試料をガスクロマトグラフに注入しても，注入する
　　試料の組成とカラムに入る試料の組成は常に同じである。

2　試料成分濃度が高い場合，カラムによる分離に影響が出ることがある。

3　検量線作成では，標準物質及び調製に用いる器具のトレーサビリティが
　　確保されていることが望ましい。

4　試料気化室やカラムの汚れ，注入口ゴム栓からの溶出成分などに起因す
　　るゴーストピークにより，精確なデータが得られない場合がある。

5　試料注入量が多すぎると，ライナー内で気化した溶媒及び試料成分の一
　　部がセプタムパージから流出することがある。

──────────────────────────────

題意　JIS K 0114「ガスクロマトグラフィー通則」について使用上の注意点を問う。

解説　ガスクロマトグラフ分析において，広い沸点範囲の試料を注入したとき
に，注入した試料とカラムに入った試料との組成が変わることがある。主に，試料中
の高沸点成分が低沸点成分に比べてカラムに移行されにくく高沸点成分の組成比が相
対的に小さくなる。シリンジ針先での分別蒸留現象，注入口での不均一な気化，拡散
などに起因して発生する。これをディスクリミネーションという（3 用語及び定義 3.51）。
よって，**1** の記述内容は誤りである。

　試料成分量（濃度）が多すぎると，カラムの試料負荷量を超えてしまうため適切な
分離ができず，また，検出器の直線性が得られないことがある。特にキャピラリーカ
ラムはカラムの試料負荷量が小さいので注意が必要である。試料成分量（濃度）が少
なすぎると，検出器で検出できるレベルでも注入口周辺，カラムなどへの吸着などに
よって応答に直線性が得られないことがあるので注意を要する（9.2.1 操作条件の最適
化 f) 2）試料成分量（濃度））。よって，**2** の記述内容は正しい。

　検量線作成では，用いる標準物質および調製に用いる器具のトレーサビリティが確
保されていることが望ましい。トレーサビリティソースが明確で，かつ，トレーサビ
リティが確保されている標準物質は JCSS 制度または ISO Guide 34 の認定を取った標
準物質生産者から供給されており，不確かさが明記されている。調製に用いる天びん
は定期校正を行い，ピペットは JIS K 0050 に従って校正を行う。トレーサビリティが

確保されている分銅は JCSS 校正証明書付のもの，全量ピペットまたは全量フラスコには許容誤差が表記されているものが供給されている（12.2 トレーサビリティの確保）。よって，**3** の記述内容は正しい。

　ガスクロマトグラフ分析では，昇温操作を含む高感度分析時には，特に試料気化室，カラムの汚れ，注入口ゴム栓からの溶出成分などに起因するピーク（ゴーストピーク）の出現によって精確なデータが得られない場合がある。このため，同条件で試料を導入せず空昇温をし，ブランクを測定しゴーストピークの有無を確認する。ゴーストピークが出る場合は，注入口ライナーの交換，セプタムのコンディショニング，カラムのコンディショニングなどの適切な処置を施す。また，試料気化室内またはカラムに残留した試料成分もしくはカラム固定相の分解などで検出器のベースラインが変化したり試料成分の分解・吸着などが生じる可能性がある。これらの確認のためにも，空昇温または溶媒だけを注入し，ベースラインの変化またはゴーストピークの有無を確認し記録することは重要である（12.6 ブランクの測定）。よって，**4** の記述内容は正しい。

　キャピラリーカラムの場合，溶媒の種類にもよるが，試料注入量が多すぎるとライナー内で気化した溶媒および試料成分の一部，または多くが，セプタムパージから流出し，試料成分の損失が起こる。特にスプリットレス注入時に顕著になりやすいので，適切な注入量の設定を行う。なお，注入量が少なすぎると十分な定量精度が得られない場合があるので，使用するシリンジの選択に注意する。大容量の注入を行うときも，使用する注入法に合わせ，適切な注入量の設定を行う。充塡カラムの場合は，キャピラリーカラムの場合ほど制約はないが，セプタムパージ付き注入口を用いる場合は，同様に試料の損失に注意する。気体試料の場合，注入量が多すぎるとカラムへの注入に時間を要し，はやく溶出する成分のピークが広がるので，特にマニュアル注入でキャピラリーカラムを使用する場合は注入量を制限する（9.2.1 操作条件の最適化 f) 1) 試料注入量）。

　よって，**5** の記述内容は正しい。

（正　解）　1

---- 問 4 ----

　「JIS K 0102 工場排水試験方法」に規定されている試料保存処理に関する次の記述の中から，誤っているものを一つ選べ。

1 「100℃における過マンガン酸カリウムによる酸素消費量」の試験に用いる試料は，0℃～10℃の暗所に保存する。

2 「亜硝酸イオン」の試験に用いる試料は，1Lにつき5mLのクロロホルムを加えて0℃～10℃の暗所に保存する。

3 「シアン化合物」の試験に用いる試料は，水酸化ナトリウム溶液（200g/L）を加えてpH約12として保存する。

4 「フェノール類」の試験に用いる試料は，りん酸を加えてpH約4とし，試料1Lにつき1gの硫酸銅（Ⅱ）五水和物を加えて混合し，0℃～10℃の暗所に保存する。

5 「クロム（Ⅵ）」の試験に用いる試料は，硝酸を加えてpH約1として0℃～10℃の暗所に保存する。

────────────────────────────

〔題 意〕 JIS K 0102「工場排水試験方法」の試料の保存処理について基礎知識を問う。

〔解 説〕 「3.3 試料の保存処理 b) 保存処理」に記載されている内容はつぎのとおりである。

100℃における過マンガン酸カリウムによる酸素消費量（COD_{Mn}），アルカリ性過マンガン酸カリウムによる酸素消費量（COD_{OH}），二クロム酸カリウムによる酸素消費量（COD_{Cr}），生物化学的酸素消費量（BOD），有機体炭素（TOC），全酸素消費量（TOD），および界面活性剤の試験に用いる試料は，0～10℃の暗所に保存する（b) 1)）。よって，**1**の記述内容は正しい。

亜硝酸イオンおよび硝酸イオンの試験に用いる試料は，試料1Lにつきクロロホルム約5mLを加えて0～10℃の暗所に保存する。短い日数であれば，保存処理を行わずそのままの状態で0～10℃の暗所に保存してもよい（b) 3)）。よって，**2**の記述内容は正しい。

シアン化合物および硫化物イオンの試験に用いる試料は，水酸化ナトリウム溶液（200g/L）を加えてpH約12として保存する（試料1Lにつき水酸化ナトリウム4～6粒を加えてもよい）。シアン化合物の試験に用いる試料で，残留塩素など酸化性物質が共存する場合は，L（＋）－アスコルビン酸を加えて還元した後，pH約12とする。硫化物イオンの試験には，試料を溶存酸素測定瓶に採取し，試料100mLにつき塩基

性炭酸亜鉛懸濁液約 2 mL を加え，硫化亜鉛として固定して保存してもよい (b) 5))。よって，**3** の記述内容は正しい。

　フェノール類の試験に用いる試料は，りん酸を加えて pH 約 4 とし，試料 1 L につき硫酸銅 (Ⅱ) 五水和物 1 g を加えて振り混ぜ，0 ～ 10 ℃の暗所に保存する (b) 6))。よって，**4** の記述内容は正しい。

　クロム (Ⅳ) の試験に用いる試料は，そのままの状態で 0 ～ 10 ℃の暗所に保存する (b) 9))。よって，**5** の記述内容は誤りである。

〔**正 解**〕　**5**

------ 問 **5** ------

吸光光度分析における定量法に関する次の記述の中から，誤っているものを一つ選べ。

　1　検量線法では，吸光度と分析種の濃度との関係式によって表された検量線を作成する。

　2　標準添加法で測定される吸光度は，試料溶液による吸光度に，標準液の添加による吸光度を加えたものとなる。

　3　検量線が曲線となる場合には，検量線法よりも標準添加法による定量が望ましい。

　4　分析種の解離や会合は，検量線が直線にならない原因となり得る。

　5　試料の懸濁は，測定される吸光度に影響を与える。

〔**題 意**〕　JIS K 0115「吸光光度分析通則」に記載されている定量法について基礎知識を問う。

〔**解 説**〕　一般的な吸光光度分析の定量には，検量線法を用いる。検量線用標準液の吸光度の測定を行い，吸光度と分析種の濃度との関係式によって表された検量線を作成する。各測定点にはばらつきがあるため，統計量として取り扱う必要がある。検量線用標準液の点数および測定回数は，不確かさを考慮し，分析種濃度は，測定試料の目的分析種を挟み，できるだけ検量線の中央に来るように設定する (8.4.1 検量線法)。よって，**1** の記述内容は正しい。

　定量する同一試料溶液から4個以上の一定量の試料を採る。1個を除き、これに分析種の濃度が既知である溶液を、それぞれ濃度が段階的に異なるように加える。これらの試料および先に除いた1個の試料を、必要な場合にはそれぞれ発色操作を行った後、一定量として測定試料を調製し、吸光度を測定する。それぞれに加えた分析種の濃度を算出し、標準液の添加による分析種の濃度の増加量を横軸に、吸光度を縦軸に取り、関係式を作成する。関係線と横軸との交点から、分析種の濃度または量を求める。標準添加法は、関係式が一次で、かつ、吸光度から空試験値を補正した値で作成した検量線が原点を通過する場合にだけ適用する。無機分析の原子吸光分析法ではよく使用されるが、紫外可視の吸光光度分析法ではあまり使用されない（8.4.2 標準添加法）。よって、**2** の記述内容は正しい。

　検量線は、直線を示す範囲内での使用が望ましい。検量線が曲線となる場合には、再現性が高いことが確認できた場合だけ、ロジスティック（logistic）曲線、ロジット（logit-log）変換などの回帰モデルを使用し、検量線を作成することができる（8.4.1 検量線法）。よって、標準添加法は、関係式が一次であること、検量線が曲線となる場合には、検量線法より標準添加法による定量法が望ましいという記載は見当たらないことから、**3** の記述内容は誤りである。

　分析種および／または共存物質が懸濁質である場合、解離または会合を起こすような場合、分析種の濃度が高過ぎる場合などは、検量線が直線にならない場合がある。試料が懸濁している場合は、試料による吸光度に加え、散乱による光の減衰が観測されるため、分析種による吸光度を正確に測定できないことがある（8.4.1 検量線法 注記2）。よって、**4** の記述内容は正しい。

　試料が懸濁している場合は、試料による吸光度に加え、散乱による光の減衰が観測されるため、定量を行うことができない。このような場合、散乱だけによる吸収が観測される波長の吸光度をバックグラウンドとして、試料による吸収及び散乱による吸収が共に含まれる波長の吸光度から差し引いた吸光度を使用することによって、定量が可能になることもある。バックグラウンド波長として、2波長を用いることもある（8.4.1 検量線法 注記1）。よって、**5** の記述内容は正しい。

［正解］ **3**

---- 問 6 ----

「JIS K 0450-70-10 工業用水・工場排水中のペルフルオロオクタンスルホン酸及びペルフルオロオクタン酸試験方法」に規定されているペルフルオロオクタンスルホン酸及びペルフルオロオクタン酸の定量に関する記述について，下線部 (a) ～ (c) に記述した語句の正誤の組合せとして，正しいものを一つ選べ。

測定用溶液の一定量を (a)高速液体クロマトグラフタンデム質量分析計に導入し，(b)電子イオン化 (EI) 法を用いてペルフルオロオクタンスルホン酸及びペルフルオロオクタン酸をイオン化し，(c)選択反応検出法 (SRM) を用いて測定し，検量線を用いて定量する。

	(a)	(b)	(c)
1	正	正	正
2	正	正	誤
3	正	誤	正
4	誤	誤	正
5	正	誤	誤

題 意　JIS K 0450-70-10「工業用水・工場排水中のペルフルオロオクタンスルホン酸及びペルフルオロオクタン酸試験方法」の高速液体クロマトグラフタンデム質量分析法の概要について基礎知識を問う。

解 説　高速液体クロマトグラフタンデム質量分析法の概要には，「測定用溶液の一定量を高速液体クロマトグラフタンデム質量分析計に導入し，エレクトロスプレーイオン化 (ESI) 法ネガティブモードを用いて PFOS (ペルフルオロオクタンスルホン酸) 及び PFOA (ペルフルオロオクタン酸) をイオン化し，選択反応検出法 (SRM) を用いて PFOS 及び PFOA を測定し，検量線法によって直鎖形 PFOS 及び PFOA を定量する。」と記載されている (6.1 概要)。よって，(b) は電子イオン化 (EI) 法ではなく，エレクトロスプレーイオン化 (ESI) 法であるから，**3** の組合せが該当する。

正 解　3

------ 問 7 ------

ICP質量分析法に関する次の記述の中から，誤っているものを一つ選べ。

1 ネブライザーとスプレーチャンバーは，それぞれ液体試料を霧状にし，粒径の小さい霧を選別する働きがある。

2 インターフェース部は，プラズマで生成したイオンを，細い孔（オリフィス）を通して真空中に取り込み，質量分離部へ導く働きがある。

3 イオンレンズ部は，イオンを効率よく引き出し，質量分離部へ導くとともに，妨害となる紫外光などを遮断する働きがある。

4 四重極形質量分析計は，目的元素のイオンを通過させ，目的元素と等しい質量電荷比（m/z）の妨害分子イオンを遮断する働きがある。

5 二次電子増倍管検出器によるパルス検出方式は，検出器に到達したイオンを一つずつ計数してイオンカウント数とする方法である。

［題 意］ JIS K 0133「高周波プラズマ質量分析通則」に記載されている装置の構成について基礎知識を問う。

［解 説］ 高周波プラズマ質量分析計は，試料導入部，イオン化部，インターフェース部，イオンレンズ部，質量分離部，検出部，ガス制御部，真空排気部，システム制御部およびデータ出力部から構成する（5.1 装置の構成）。

ネブライザーは，液体試料を高圧高速のガス流によって霧に変えるための装置である。先端ノズル近傍で生じる負圧によって，液体試料の自然吸引が可能なものと，送液用のポンプを必要とするものとがある。スプレーチャンバーは，ネブライザーから粒径の大きい霧をプラズマに導入すると十分に分解されないので，粒径の小さい霧だけを選別する必要があり，スプレーチャンバ はその目的のために設けるもので，二重管形，サイクロン形，ホーン形などがある。5〜20 µm より大きい霧をスプレーチャンバーの器壁に凝集させて小さい霧だけを通過させるが，インパクターを設けて積極的に大きい霧を粉砕するものもある。スプレーチャンバーは，霧の選別，輸送のほかに，ネブライザーで生じるガス流の揺らぎに対する緩衝（ダンパー）の機能を果たす（5.1.1 試料導入部 b）および c））。よって，**1** の記述内容は正しい。

インターフェース部は，大気圧下のプラズマと真空状態の質量分離部とを結ぶ境界

を形成し，サンプリングコーンおよびスキマーコーン並びにゲートバルブから成る200〜400 Pa程度の準真空領域である。プラズマで生成するイオンを効率よく質量分離部へ導く役割を果たす（5.1.3 インターフェース部）。よって，**2** の記述内容は正しい。

　イオンレンズ部は，プラズマからイオンを効率よく引き出し，質量分離部へ導くための部分である。同時に，中性粒子および紫外光を遮断して検出されないようにする役割も果たす。これらの粒子および光子は，バックグラウンドの原因となる。1枚または2枚の引出し電極，粒子および光子の遮へい装置，収束電極から成る（5.1.4 イオンレンズ部）。よって，**3** の記述内容は正しい。

　四重極形質量分析計は，四重極電極を通過するフィルター作用によって測定対象元素のイオンだけを質量分離する。四重極電極に印加された正および負の直流電圧 (U) 並びに高周波電圧 $(V \cos \omega t)$ によって，四重極電極で囲まれた空間にイオンを強制振動させる双曲面の高周波電界が形成される。高周波電界の周波数，電圧，内接円の半径 (r) の関係に対応した測定対象元素のイオンだけを，安定な振動で高周波電界の中心に沿って移動させ，そのほかのイオンの振動振幅を大きくして排除する。その結果，測定対象元素のイオンだけが四重極電極を通過することができる。通過イオンの質量は，印加電圧に対して直線関係にあるため，印加電圧を変化させて質量スペクトルを測定する（5.1.5 質量分離部 a)）。高周波プラズマ質量分析計では，スペクトルの重なりによる干渉が生じる。特に，四重極形質量分析計による測定のときには注意を払うべきである。例えば，測定対象元素と妨害元素の原子量が近接している場合には，同重体イオンによる干渉が発生する（同重体干渉）。代表的な例としては，アルゴンプラズマをイオン化源とした場合の ^{40}Ca に対する ^{40}Ar の重なり，鉛同位体分析を行うときの ^{204}Pb に対する ^{204}Hg の重なりなどがある（9.1 スペクトル干渉）。よって，四重極形質量分析計には，等しい質量電荷比 (m/S) の妨害分子イオンを遮断する機能はないので，**4** の記述内容は誤りである。

　検出部は，質量分離部で分離されたイオンを検出し，読取り可能な信号に変換する部分である。検出方式は，パルス検出方式およびアナログ検出方式がある。パルス検出方式は，測定対象元素のイオンを一つひとつ二次電子増倍管検出器で $10^6 \sim 10^8$ 倍の数の電子，すなわち，電流パルスに増幅し，その電流パルスを検出回路で電圧パルスに変換した後，電圧パルスを一定時間計数してイオンカウント数とする方法である。アナログ検出方式は，測定対象元素のイオン電流を二次電子増倍管検出器で $10^3 \sim 10^6$

倍の電流に増幅した後，検出回路で直流電圧に変換し，その電圧を一定時間測定して
イオンカウント数とする方式と，イオン電流をファラデーカップ検出器によって直接
電流測定する方式とがある（5.1.6 検出部）。よって，**5** の記述内容は正しい。

［正　解］ **4**

---- **［問］8** ---

「JIS K 0104 排ガス中の窒素酸化物分析方法」に規定されているザルツマン吸
光光度法に関する次の記述の中から，正しいものを一つ選べ。

　1　対象成分ガスは一酸化窒素のみである。

　2　試料は真空フラスコ法で採取する。

　3　吸収液として硫酸を用いる。

　4　発色操作にはスルファニル酸－ナフチルエチレンジアミン酢酸溶液を用
　　　いる。

　5　対象成分ガスはオゾン又は酸素で硝酸イオンまで酸化する。

［題　意］　JIS K 0104「排ガス中の窒素酸化物分析方法」に規定されているザルツマ
ン吸光光度法について基礎知識を問う。

［解　説］　ザルツマン吸光光度法は，分析方法の概要として，試料ガス中の対象成
分である二酸化窒素を吸収発色液に通して発色させ，吸光度（545 nm）を測定する。試
料採取法として，吸収瓶法により，吸収発色液にスルファニル酸－ナフチルエチレン
ジアミン酢酸溶液（液量：25 mL）を用いる。適用条件として，試料ガス中に多量の一
酸化窒素が共存すると影響を受けるので，その影響を無視または除去できる場合に適
用する。よって，**4** の記述内容以外は誤りである。

［正　解］ **4**

---- **［問］9** ---

「JIS K 0121 原子吸光分析通則」に規定されている分析装置に関する次の記述
の中から，誤っているものを一つ選べ。

　1　フレーム方式の原子化部の一つとして，予混合バーナーがある。

2　電気加熱方式で使用する電気加熱炉の発熱体には，黒鉛製又は耐熱金属
　　製がある。

3　分光器は，光源から放射されたスペクトルの中から必要な分析線だけを
　　選び出すためのものである。

4　フレーム方式の分析装置において，フレーム中を通過する光束の位置は，
　　分析するすべての元素種で常に同一にする。

5　水銀専用原子吸光分析装置において，試料中の水銀を原子蒸気化する方
　　式として，加熱気化方式と還元気化方式がある。

〔題 意〕 JIS K 0121「原子吸光分析通則」に記載されている分析装置に関する基礎
知識を問う。

〔解 説〕 フレーム方式の原子化部は，バーナーおよびガス流量制御部で構成する。
バーナーは，試料溶液をチャンバー内に吹き込んで，細かい粒子だけをフレームに送り
込む予混合バーナーおよび霧化された試料溶液の全量をフレームに送り込む全噴霧バー
ナーとする（5.3.1 フレーム方式の原子化部）。よって，**1**の記述内容は正しい。

　電気加熱方式の電気加熱炉は，発熱体に電流を流して試料溶液を乾燥，灰化，原子化
するもので，その発熱体は，黒鉛製または耐熱金属製とする。酸化防止，試料蒸気など
の移送のため，アルゴン，窒素，アルゴンおよび水素の混合ガスなどを炉の中に流す構
造のものがある（5.3.2 電気加熱方式の原子化部）。よって，**2**の記述内容は正しい。

　分光器は光源から放射されたスペクトルの中から必要な分析線だけを選び出すため
のもので，回折格子を用いた分光器を備え，近接線を分離できる十分な分解能を備え
たものとする。分光器には，リトロー形分光器，ツェルニ・ターナー形分光器，エバー
ト形分光器，エシェル形分光器などがある（5.4.2 分光器）。よって，**3**の記述内容は正
しい。

　フレーム原子吸光分析装置のフレーム中を通過する光束の位置について，フレーム
中での原子密度分布は，元素，フレームの状態などによってかなり異なるので，光源
ランプからの光束を共存元素および測定諸条件の影響の少ない最適の位置に設定する
（8.3.2 フレーム原子吸光分析装置）。よって，**4**の記述内容は誤りである。

　水銀分析専用原子吸光法は，つぎの二つの方式がある。

① 還元気化方式の場合：所定の装置操作条件を設定し，試料溶液を水銀蒸気発生部に導入し，表示値を読み取る。

② 加熱気化方式の場合：所定の装置操作条件を設定し，試料を試料ボートにとり，加熱気化部に導入し，表示値を読み取る（8.4.3 水銀分析専用原子吸光法）。

よって，**5** の記述内容は正しい。

〔正 解〕 **4**

---- 問 10 ----

次の記述は，いずれも日本産業規格（JIS）に規定されている吸光光度法による排ガス中の汚染物質の分析方法に関するものである。このうち，「JIS K 0099 排ガス中のアンモニア分析方法」に規定されているアンモニアの分析方法を表すものを一つ選べ。

1 試料ガス中の目的成分を，水酸化ナトリウム溶液に吸収させて発色させる。

2 試料ガス中の目的成分を，ジエチルアミン銅溶液に吸収させて発色させる。

3 試料ガス中の目的成分をほう酸溶液に吸収させた後，インドフェノール青を生成させて発色させる。

4 試料ガス中の目的成分を，2,2'-アジノビス（3-エチルベンゾチアゾリン-6-スルホン酸）溶液に吸収させて発色させる。

5 試料ガス中の目的成分を希硫酸に吸収させた後，4,4'-ジアミノスチルベン-2,2'-ジスルホン酸溶液と臭化シアン溶液を加えて発色させる。

〔題 意〕 JIS K 0099「排ガス中のアンモニア分析方法」など排ガス中の汚染物質の測定方法のうち吸光光度法について基礎知識を問う。

〔解 説〕 日本産業規格（JIS）に規定されている排ガス中の汚染物質の測定方法のうち吸光光度法に関するおもなものをつぎの表に示す。

表からわかるように，排ガス中のアンモニアの吸光光度法を表すものは，**3** が該当する。

分析対象成分 （JIS番号）	分析方法の種類	要　旨	試料採取
シアン化水素 （K 0109）	4-ピリジンカルボン酸-ピラゾロン吸光光度法	試料ガス中のシアン化水素を吸収液に吸収させた後，4-ピリジンカルボン酸-ピラゾロン溶液を加えて発色させ，吸光度を測定する。	吸収瓶法 吸収液：水酸化ナトリウム溶液（5 mol／L） 液量：50 mL a）×2本 標準採取量：10 L
フェノール類 （K 0086）	4-アミノアンチピリン吸光光度法	試料ガス中のフェノール類を吸収液に吸収させた後，4-アミノアンチピリン溶液およびフェリシアン化カリウム溶液を加え，生成したアンチピリン色素の吸光度（510 nm）を測定する。	吸収瓶法 吸収液：0.4 % 水酸化ナトリウム溶液 液量：50 mL×2
二硫化炭素 （K 0091）	ジエチルジチオカルバミン酸銅吸光光度法	試料ガス中の二硫化炭素をジエチルアミン銅溶液に通じて吸収させた後，吸収液中に生成したジエチルジチオカルバミン酸銅の吸光度（435 nm）を測定し，二硫化炭素を定量する。	吸収瓶法 吸収液：硫酸銅，ジエチルアミン塩酸塩，アンモニアおよびクエン酸の溶液にエタノールを加えたもの。 液量：50 mL×2 最前段の吸収瓶に酢酸カドミウム溶液を入れ，共存する硫化水素を除去する。 液量：50 mL×1
アンモニア （K 0099）	インドフェノール青吸光光度法	試料ガス中のアンモニアをほう酸溶液に吸収させた後，フェノールペンタシアノニトロシル鉄（III）酸ナトリウム溶液および次亜塩素酸ナトリウム溶液を加えて，インドフェノール青を生成させ，吸光度（640 nm）を測定する。	吸収瓶法 吸収液：ほう酸溶液（5 g／L） 液量：50 mL×2本 標準採取量：20 L
塩素 （K 0106）	2,2'-アジノビス（3-エチルベンゾチアゾリン-6-スルホン酸）吸光光度法（ABTS吸光光度法）	試料ガス中の塩素を2,2'-アジノビス（3-エチルベンゾチアゾリン-6-スルホン酸）吸収液に吸収して，発色させ，吸光度（400 nm）を測定し，試料ガス濃度を求める。	吸収瓶法 吸収液：ABTS 溶液（0.1 g／L） 吸収液量：20 mL×2 標準採取量：20 L
ピリジン （K 0087）	ジアミノスチルベン-ジスルホン酸吸光光度法	試料ガス中のピリジンを希硫酸に吸収させた後，4,4'-ジアミノスチルベン-2,2'-ジスルホン酸溶液と臭化シアン溶液を加えて発色させ，吸光度（490 nm）からピリジンを定量する。	吸収瓶法 吸収液：0.01 mol／l 硫酸溶液 20 mL ×2

[正 解] 3

---- **[問] 11** ----

「JIS B 7982 排ガス中の窒素酸化物自動計測システム及び自動計測器」に規定
されている化学発光方式の計測器に関する次の記述の中から，誤っているもの
を一つ選べ。

1　測光部には，光電子増倍管又は半導体光電変換素子などが用いられる。

2　試料吸引ポンプの接ガス系には，耐食材料を用いる。

3　試料採取部の導管は，十分に冷却する。

4　本装置で計測する窒素酸化物とは，一酸化窒素と二酸化窒素の合量で
　　ある。

5　本装置の原理は，一酸化窒素とオゾンを反応させたときに生ずる化学発
　　光を検出するものである。

[題 意]　JIS B 7982「排ガス中の窒素酸化物自動計測システム及び自動計測器」に
規定されている化学発光方式の計測器について基礎知識を問う。

[解 説]　JIS B 7982 の規格は，固定発生源の排ガス中の一酸化窒素，二酸化窒素ま
たは窒素酸化物濃度を連続的に測定するための自動計測システム（以下，計測システ
ムという。）および自動計測器（以下，計測器という）のうち，試料ガス吸引採取方式
のものについて規定する。試料ガス吸引採取方式は，排ガス中から，試料ガスを吸引
ポンプで吸引し，必要に応じて水分を除去または一定に保って分析計に連続的に供給
する方式である。ただし一酸化二窒素（N_2O）の測定には適用しない。化学発光方式に
よる分析計の原理は，一酸化窒素とオゾンを反応させたときに生成される光化学的に
励起状態にある一酸化窒素の発光強度を測定するものであり，流量制御部，反応槽，
測光部，オゾン発生器などで構成される（5.4.2 化学発光方式による分析計）。よって，
5 の記述内容は正しい。

　測光部は一酸化窒素とオゾンの化学発光を受光して，指示記録に必要な大きさの信
号に変換する部分で，光学フィルタ，光電子増倍管または半導体光電変換素子，増幅
回路などからなる（同 c)）。よって，**1** の記述内容は正しい。

吸引ポンプは試料ガスなどを吸引するポンプで，接ガス系には耐食材料，例えば，硬質塩化ビニル，ふっ素ゴム，四ふっ化エチレン樹脂などを用いる（5.3 試料ガス吸引採取方式の試料採取部 f））。よって，**2** の記述内容は正しい。

　導管は排ガスを一次フィルタから試料導入口に導入する管で，四ふっ化エチレン樹脂管，ステンレス鋼管などを用いる。なお，一次フィルタから除湿器までの導管は，水または酸が凝縮しないように必要に応じて加熱する（同 c））。よって，**3** の記述内容は誤りである。

　JIS B 7982 の規格で用いるおもな定義として，窒素酸化物は一酸化窒素と二酸化窒素の合量である（3. 定義 a））。よって，**4** の記述内容は正しい。

[正 解] **3**

------ [問] **12** ------

　100 mL の水に溶けているある溶質 1.0 mmol を有機溶媒で抽出する。有機溶媒 20 mL で 1 回抽出した場合の抽出量として最も近いものを次の中から一つ選べ。なお，この溶質の分配比（溶質の有機溶媒中の濃度と水中の濃度の比）は 20 とする。また，有機溶媒と水とは互いに溶解しないものとする。

1　0.10 mmol

2　0.30 mmol

3　0.60 mmol

4　0.80 mmol

5　0.90 mmol

[題 意]　有機溶媒抽出における分配比に関する基礎的な計算問題である。

[解 説]　有機溶媒層に x〔mg〕移行したとして，次式よりその量を求める。

水槽の濃度：$\dfrac{(1.0-x)\,〔\text{mg}〕}{100\,〔\text{mL}〕}$

有機層の濃度：$\dfrac{x\,〔\text{mg}〕}{20\,〔\text{mL}〕}$

$$\text{分配比は一定}: \dfrac{\dfrac{x}{20}}{\dfrac{1.0-x}{100}} = 20$$

$$\dfrac{5x}{1-x} = 20 \qquad \therefore \quad x = 0.80$$

(正 解) **4**

---- (問) **13** ----

「JIS K 0095 排ガス試料採取方法」に示されている測定成分と使用可能な採取管・分岐管の材質との組合せとして，誤っているものを一つ選べ。

	測定成分	採取管・分岐管の材質
1	アンモニア	ほうけい酸ガラス
2	塩素	ステンレス鋼
3	塩化水素	チタン
4	ふっ化水素	四ふっ化エチレン樹脂
5	窒素酸化物	セラミックス

(題 意)　JIS K 0095「排ガス試料採取方法」に規定されている測定成分と使用可能な採取管・分岐管の材質との組合せについて基礎知識を問う。

(解 説)　採取管，導管，接手管およびろ過材ならびに試料ガス分岐管の材質は，排ガスの組成，温度などを考慮して，つぎの条件を満たすものを選択する。① 化学反応，吸着作用などによって，排ガスの分析結果に影響を与えないもの。② 排ガス中の腐食性成分によって，腐食されにくいもの。③ 排ガスの温度，流速に対して，十分な耐熱性および機械的強度を保てるもの。例えば，アンモニアおよび窒素酸化物は，採取管・分岐管の材質に，ほうけい酸ガラス，シリカガラス，ステンレス鋼（SUS304（18Cr-8Ni），SUS316（18Cr-12Ni 2.5Mo），SUS316L（18Cr-12Ni-2.5Mo-低 C）など），チタン，セラミックス，四ふっ化エチレン樹脂などが使用できる。よって，**1** および **5** の記載内容は正しい。

　塩素は，ほうけい酸ガラス，シリカガラス，セラミックスなどが使用できる。よって，**2** の記載内容は誤りである。

塩化水素は，ほうけい酸ガラス，シリカガラス，チタン，セラミックス，四ふっ化エチレン樹脂などが使用できる。よって，**3**の記載内容は正しい。

ふっ化水素は，ほうけい酸ガラス，ステンレス鋼，チタン，四ふっ化エチレン樹脂などが使用できる。よって，**4**の記載内容は正しい。

〔正 解〕 **2**

━━━ 問 14 ━━━━━━━━━━━━━━━━━━━━━━━━━━━━━━━━━━━━

「JIS K 0306 空気中の揮発性有機化合物の検知管による測定方法」に規定されている測定方法の概要に関する次の記述について， (ア) ～ (ウ) に入る語句の組合せとして，正しいものを一つ選べ。

測定方法は，測定対象物質用の検知管を通して試料空気を電動ポンプにて (ア) に吸引する方式とし，測定対象物質と検知剤との (イ) により生じた (ウ) の濃度目盛から，測定対象物質濃度を求める。

	（ア）	（イ）	（ウ）
1	連続的	反応	変色先端
2	連続的	交換	変色先端
3	連続的	反応	変色層全体の中心
4	間欠的	交換	変色層全体の中心
5	間欠的	反応	変色先端

━━

〔題 意〕 JIS K 0306「空気中の揮発性有機化合物の検知管による測定方法」に規定されている測定方法の概要について基礎知識を問う。

〔解 説〕 測定方法は，測定対象物質用の検知管を通して試料空気を電動ポンプにて (ア) 連続的に吸引する方式とし，測定対象物質と検知剤との (イ) 反応により生じた (ウ) 変色先端の濃度目盛から，測定対象物質濃度を求める（4. 測定方法の概要）。

よって，**1**の組合せが該当する。

〔正 解〕 **1**

----- 問 15 -----

アセチレンの性質及びアセチレンガスボンベ（高圧ガス容器）の使用法に関する次の記述の中から，正しいものを一つ選べ。

1 アセチレンは，支燃性ガスである。

2 アセチレンガスボンベを，床に横置きのまま使用した。

3 アセチレンガスボンベを，ゴム製のシートの上に置いて固定した。

4 アセチレンガスボンベと装置の間を，銅管で配管した。

5 アセチレンガスの使用中，ガスボンベの開閉用ハンドルを取り付けたままにした。

題意 JIS K 0121「原子吸光分析通則」に規定されている高圧ガス供給設備の使用上の注意について基礎知識を問う。

解説 支燃性ガスとは，可燃性物質の燃焼を助けるのに必要なガスのことをいう。空気，酸素が代表的な物質であるが，このほかに塩素，ふっ素，亜酸化窒素，酸化窒素，二酸化窒素などが挙げられる。アセチレンは可燃性ガスに分類され，単独で爆発事故になることはないが，発火エネルギーがあると爆発的に水素と炭素に分解され，分解爆発を起こすことがある不安定なガスである。一般に可燃性ガスは，可燃性の物質（ここでは可燃性ガス）の燃焼を助ける空気や酸素などの「支燃性ガス」と一定の割合で混合され，さらに「着火源（火種）」に触れることで引火した際に，爆発燃焼する。つまり，「支燃性ガス」と「着火源」がなければ，通常は爆発燃焼することはない。高圧ガスおよび装置の取扱い上の注意に，「アセチレン・一酸化二窒素に点火するときは，初めにアセチレン・空気に点火し，アセチレン流量を指定流量まで増加する。次に，切替弁などを使用して空気を一酸化二窒素に切り替える。消火は，以上の操作の逆を行う。」と規定されている（10. 安全 b)）。よって，**1** の記述内容は誤りである。

アセチレンの容器は，アセトンの流出防止のため，必ず直立のまま貯蔵または使用する（同 a) 5)）。よって，**2** の記述内容は誤りである。なお，アセチレンは非常に不安定なガスであり，圧縮や衝撃などを与えると自己分解を起こして自然発火・爆発の危険性がある。そのため容器内にマスと呼ばれる多孔質物質（ゼオライト等）が充填

され，それにアセトンまたは DMF（ジメチルフォルムアミド）が浸潤されている。ア
セチレンがアセトンや DMF に非常によく溶解する特性を利用して，容器中に加圧溶
解させて充填されている。このためアセチレン容器を横に（転倒）すると，アセトン
または DMF が流出して危険である。誤って転倒してしまった場合には，速やかに使
用を止め，容器元弁を閉止すること。また，再度使用する場合は，容器を立てた後，
内部のアセトン等が安定するまで（5 分程度）待ってから使用すること。

高圧ガス容器類は，静電気を帯びることがあるので，接地を行う。また，燃料ガス
容器は，静電気の帯電防止のため，ゴム，合成樹脂板などの絶縁物の上に置かない（同
a) 4)）。よって，**3** の記述内容は誤りである。

アセチレン用配管には，鋼または銅含有率が 62 ％以上の合金を使用しない（同 a)
6)）。よって，**4** の記述内容は誤りである。

緊急時対策として，アセチレン使用中は，アセチレン容器の開閉用ハンドルを取り
付けたままにしておく。また，弁は 1.5 回転以上開かない（同 b) 6)）。よって，**5** の記
述内容は正しい。

[正 解] **5**

---- [問] **16** --

環境省の「排ガス中の POPs（ポリ塩素化ビフェニル，ヘキサクロロベンゼン，
ペンタクロロベンゼン）測定方法マニュアル」に関する次の記述の中から，誤っ
ているものを一つ選べ。

1 排ガス中のポリ塩素化ビフェニル，ヘキサクロロベンゼン，ペンタクロ
 ロベンゼンは，フィルタによるろ過捕集，吸収瓶による液体捕集（吸収捕
 集）及び吸着剤カラムによる吸着捕集で捕集する。

2 ポリ塩素化ビフェニルの全 209 異性体が定量対象である。

3 試料採取に必要な器具類，材料及び試薬については，あらかじめ測定に
 妨害を及ぼす物質が認められないことを確認するとともに，測定対象物質
 のブランクについて可能なかぎり排除する必要がある。

4 試料ガスの採取が終了した後，試料ガス採取装置の分解は必要最低限と
 し，外気が混入しないようにして遮光し，試験室へ運搬する。

5　同定と定量は，キャピラリーカラムを用いるガスクロマトグラフと分解
　　能が1 000程度の四重極形質量分析計を用いるガスクロマトグラフ質量分
　　析法によって行う。

【題　意】　環境省 水・大気環境局大気環境課「排出ガス中のPOPs（ポリ塩素化ビ
フェニル，ヘキサクロロベンゼン，ペンタクロロベンゼン）測定方法マニュアル」に
記載されている内容についての出題である。

【解　説】　本マニュアルでは，排ガス試料中のPCBs（ポリ塩素化ビフェニル
Polychlorinated biphenyls），HxCBz（ヘキサクロロベンゼン Hexachlorobenzene），
PeCBz（ペンタクロロベンゼン Pentachlorobenzene）を測定対象物質としている。排ガ
ス中のPCBs，HxCBz，PeCBzはフィルタによるろ過捕集，吸収瓶による液体捕集お
よび吸着剤カラムによる吸着捕集で捕集する（3.1.試料採取の基本的な考え方）。よっ
て，**1**の記述内容は正しい。

　測定対象物質の分析は，キャピラリーカラムを用いるガスクロマトグラフ（GC）と
二重収束形質量分析計（MS）を用いるガスクロマトグラフ質量分析法によって行う。
分解能は10 000以上が必要である。10 000以上の高分解能での測定を維持するため，
質量校正用標準物質を測定用試料と同時にイオン源に導いて測定イオンに近い質量の
イオンをモニタして質量の微少な変動を補正するロックマス方式による選択イオン検
出法（SIM法）で検出し，保持時間およびイオン強度比から測定対象物質であること
を確認した後，クロマトグラム上のピーク面積から内標準法によって定量を行う。PCBs
については全209異性体を定量対象とする（4.2.分析方法の基本的な考え方）。

　PCBs濃度は一塩素化物から十塩素化物の各同族体濃度とその総和を表示する。各
同族体濃度は，異性体濃度の総和で表示する。異性体濃度は，209異性体の中から，
DL-PCBs異性体（12異性体）やIndicator PCBs異性体（7異性体）など，必要とする異
性体の各濃度について表示する。測定結果（濃度）は，定量下限値以上の値はそのま
ま記載し，定量下限値未満の値は定量下限値以上の値と同等の精度が保証できない値
であることがわかるような表示方法（例えば，括弧付きにするなど）で記載する。検
出下限値未満のものは検出下限未満であったことがわかるように記載する（5.表示方
法）。よって，**2**の記述内容は正しいが，**5**の記述内容は誤りである。

　試料採取に必要な器具類，材料および試薬については，あらかじめ測定に妨害を及

ぼす物質が認められないことを確認するとともに，測定対象物質のブランクについて可能なかぎり排除する必要がある。試料採取に当たっては，つねに同一の品質を維持するために，器具類，材料および試薬の管理方法について規格化しておき，その規格化についての情報あるいは根拠を要求された場合には提出できるように準備しておく（3.1. 試料採取の基本的な考え方）。よって，**3** の記述内容は正しい。

　試料ガスの採取が終了した後，試料ガス採取装置の分解は必要最小限とし，外気が混入しないようにして遮光し，試験室に運搬する。試料ガス採取装置の各部を注意深く外し，採取管および導管はメタノール，ジクロロメタンで十分に洗浄回収する。洗浄液，捕集液は，褐色瓶に洗い移して保存し，フィルター，吸着剤などは容器に入れて遮光保存する。保存した試料は，速やかに前処理以降の操作を行う。なお，試料運搬中の容器の破損，溶媒および試料成分の揮発などによる損失に注意しなければならない（4.1.6. 試料の回収及び保存）。よって，**4** の記述内容は正しい。

〔正解〕　**5**

------- 問 **17** -------

環境試料の採取法に関する次の記述の中から，誤っているものを一つ選べ。

　1　ハイボリウムエアサンプラは，大気中に浮遊する粒子状物質の捕集装置の一つである。

　2　キャニスターは，空気中の揮発性有機化合物などを測定するための採取器の一つである。

　3　ハイロート採水器は，降水試料の採取器の一つである。

　4　エクマンバージ採泥器は，水底の表層堆積物の採取器の一つである。

　5　サーバーネットは，浅い河川の底などに生息する生物の採取器の一つである。

〔題 意〕　JIS K 0216「分析化学用語（環境部門）」に記載されている環境試料の採取方法について基礎知識を問う。

〔解 説〕　JIS K 0216 の規格は，分析化学において環境分野で用いるおもな用語および関連する用語ならびにそれらの定義について規定されている。この中に試料採取容

表 おもな試料採取容器などの定義

試料採取容器など	定義
ハイボリュームエアーサンプラー	空気中に浮遊している粒子状物質の捕集に用いる吸引空気量が $0.5\,m^3\,min^{-1}$ 程度以上の大気試料採取用機器。
キャニスター	おもに大気中の揮発性有機化合物を測定するために，容器を減圧して大気試料を採取する金属製の容器。
ハイロート採水器	おもりを付けた枠に，試料容器を取り付けた採水器で，試料採取位置まで沈めて開栓し，しばらく放置後（満水後）栓を閉じ，試料水を採取する機器。
グラブ採泥器	左右に開いた試料採取部を水底で閉じ，水底の堆積物をつかみ取って採取する機器。 （注記：エクマンバージ採泥器などがある）
サーバーネット	石，れき（礫）などの多い，浅い河川の底に生息する生物を採取する網。（注記：流水下で使用する）

器類も記載されており，**表**におもな試料採取容器などの定義を示す。

なお，一定期間の降水総サンプルを採取する機器には，再蒸発の影響を小さくした降水サンプラーがある。ハイロート採水器では降水試料を採水することはできないので，**3** の記述内容は誤りである。

［正 解］ 3

------ 問 **18** ------

ある量のアンモニアを $0.10\,mol\,L^{-1}$ の硫酸 200 mL に完全に吸収させた後，メチルレッドを指示薬にして $0.10\,mol\,L^{-1}$ の水酸化ナトリウム水溶液で滴定したところ，滴定終点までの滴定量は 300 mL であった。吸収させたアンモニアの体積は標準状態で何 L か。次の中から最も近いものを一つ選べ。なお，滴定終点は中和反応の当量点と一致しているものとする。また，アンモニアは理想気体であるものとし，標準状態における理想気体 1 mol の体積は 22.4 L とする。

1 0.11

2 0.22

3 0.45

4 0.67

5 0.90

[題意]　中和反応や中和滴定に関する基礎的な計算問題である。

[解説]　アンモニアが硫酸に吸収される反応式は，式 (1) で表される。

　　吸収反応：$2NH_3 + H_2SO_4 \longrightarrow (NH_4)_2SO_4$ 　　　　　　　　　(1)

残存する硫酸と水酸化ナトリウムの中和反応は，式 (2) で表される。

　　中和反応：$2NaOH + H_2SO_4 \longrightarrow Na_2SO_4 + 2H_2O$ 　　　　　　(2)

吸収されたアンモニアの体積を x〔L〕として，その物質量（モル数）からそれぞれの反応式の定量的な関係式を求めて，アンモニアの体積を求める。

硫酸に吸収されたアンモニアの物質量：

$$R = \frac{P \cdot V}{n \cdot T} = \frac{1\,\text{atm} \times 22.4\,\text{L}}{1\,\text{mol} \times 273\,\text{K}} = \frac{1\,\text{atm} \times x\,\text{〔L〕}}{n\,\text{〔mol〕} \times 273\,\text{K}}$$

$$\therefore \quad n = \frac{x}{22.4}$$

式 (1) から残存する硫酸の物質量：

$$0.1 \times \frac{200}{1\,000} - \frac{1}{2} \times \frac{x}{22.4}$$

式 (2) から残存する硫酸の物質量と水酸化ナトリウムの物質量の関係：

$$0.1 \times \frac{200}{1\,000} - \frac{1}{2} \times \frac{x}{22.4} : 0.1 \times \frac{300}{1\,000} = 1 : 2$$

$$x = 0.224\,\text{L}$$

[正解]　2

[問] 19

「JIS K 0126 流れ分析通則」に規定されている流れ分析に関する次の記述の中から，誤っているものを一つ選べ。

　1　溶媒抽出，固相抽出などの抽出を，流れの中で行うことができる。

　2　気泡分離，気体透過膜分離などの気液分離を，流れの中で行うことができる。

　3　流路を構成する細管の材質として，ふっ素樹脂やステンレス鋼などを用いることができる。

4 検出器として，吸光光度検出器，誘導結合プラズマ質量分析計などを用いることができる。

5 分析対象成分の濃度の基準となる標準液などを用いずに，定量を行うことができる。

［題 意］ JIS K 0126「流れ分析通則」に規定されている流れ分析について基礎知識を問う。

［解 説］ フローインジェクション分析には，種々の方法があるが，反応系，導入方法，検出方法などの組合せによって，目的に適した分析操作を選択する。目的に応じて，① 希釈，② 化学反応発色反応，酸化還元反応，酵素反応，酸化分解など，③ 分離および／または濃縮，④ 溶媒抽出，固相抽出などの抽出，⑤ 気泡分離，気体透過膜分離などの気液分離，⑥ フローインジェクション滴定，⑦ ストップトフローのような操作を適宜組み合わせて行う（4.5.3 操作の種類）。よって，**1** および **2** の記述内容は正しい。

フローインジェクション分析装置を構成する細管は，液体の流路を構成するもので，① 耐薬品性に優れている，② 使用する圧力に耐える，③ 均一な内径をもつ，④ 温度の影響が小さい，といった条件を満たすものとする。通常，細管の内径は 0.25 〜 2.0 mm で，材質はふっ素樹脂，ポリエチレン，ポリプロピレン，ステンレス鋼，ガラスなどを用いることが多い。細管の接続には，種々の形式の合成樹脂製などのコネクターを用いることが多い（4.2.2 装置構成器具 a)）。よって，**3** の記述内容は正しい。

検出部は，分析対象成分の濃度に応じた応答信号を発生するもので，分析目的に応じて，① 吸光光度検出器，② 蛍光検出器，③ 化学発光検出器，④ 電気化学検出器（電位差検出器，電流検出器など)，⑤ 炎光光度計，⑥ 原子吸光光度計，⑦ 誘導結合プラズマ発光分光分析計，⑧ 誘導結合プラズマ質量分析計などの検出器を用いる。なお，フローセルなど溶液が通過または接触する部分は，耐薬品性および耐食性に優れていることが必要である（同 e）検出部）。よって，**4** の記述内容は正しい。

調製した試料を装置に導入し，得られた分析対象成分に相当する応答曲線のピーク高さ，ピーク面積などを求め，絶対検量線法または標準添加法によって分析対象成分を定量する（4.6.1 定量法）。絶対検量線法では，調製した濃度の異なる検量線作成用の標準液 4 種類以上を導入し，応答曲線を記録して，ピーク高さまたはピーク面積を測

定する。この測定値を縦軸に，分析対象成分の濃度を横軸に取り，検量線を作成する（4.6.3 絶対検量線法）。標準添加法では，同一試料溶液から等体積の 4 個以上の溶液を採取し，1 個を除き，ほかのものには分析対象成分の濃度が既知である検量線作成用の標準液を用いて調製した標準液を段階的に加える。分析対象成分を添加しないものを含めて，それぞれ一定量として検量線作成用溶液とする。この検量線作成用溶液を導入し，応答曲線を記録して，ピーク高さまたはピーク面積を測定する。この測定値を縦軸に，検量線作成用溶液の添加濃度を横軸にとり，検量線を作成する（4.6.4 標準添加法）。よって，いずれの定量法も標準液を用いるので，**5** の記述内容は誤りである。

〔正　解〕　**5**

---- 〔問〕20 ------

「JIS K 0102 工場排水試験方法」に規定されている懸濁物質及び蒸発残留物の試験に関する次の記述の中から，誤っているものを一つ選べ。

1　懸濁物質とは，試料をろ過したとき，ろ過材上に残留する物質のことである。

2　全蒸発残留物とは，試料を蒸発乾固したときに残留する物質のことである。

3　溶解性蒸発残留物とは，試料を蒸発乾固させた後，残留物に塩酸を加えてろ過したとき，ろ過材上に残留する物質のことである。

4　強熱残留物とは，懸濁物質，全蒸発残留物及び溶解性蒸発残留物のそれぞれを 600 ℃ ± 25 ℃で 30 分間強熱したときの残留物のことで，それぞれの強熱残留物として示す。

5　強熱減量とは，強熱残留物の測定時における減少量のことで，懸濁物質，全蒸発残留物及び溶解性蒸発残留物のそれぞれの強熱減量として示す。

〔題　意〕　JIS K 0102「工場排水試験方法」に規定されている懸濁物質および蒸発残留物の試験について基礎知識を問う。

〔解　説〕　懸濁物質とは，試料をろ過したとき，ろ過材上に残留する物質のことである（14. 懸濁物質及び蒸発残留物 a)）。よって，**1** の記述内容は正しい。

蒸発残留物とは，試料を蒸発乾固したときに残留する物質のことである（同b））。よって，**2**の記述内容は正しい。

溶解性蒸発残留物とは，懸濁物質をろ別したろ液を蒸発乾固したときに残留する物質のことである（同c））。よって，**3**の記述内容は誤りである。

強熱残留物とは，懸濁物質，全蒸発残留物および溶解性蒸発残留物のそれぞれを600±25℃で30分間強熱したときの残留物で，それぞれの強熱残留物として示す（同d））。よって，**4**の記述内容は正しい。

強熱減量とは，強熱残留物の測定時における減少量で，懸濁物質，全蒸発残留物および溶解性蒸発残留物のそれぞれの強熱減量として示す（同e））。よって，**5**の記述内容は正しい。

〔正解〕 3

---- **問 21** ----

「JIS K 0124 高速液体クロマトグラフィー通則」に関する次の記述の中から，誤っているものを一つ選べ。

1 分離度とは，目的成分のピークと隣接するピークとの強度の比をいう。

2 溶離液とは，カラムに保持されている分析種を展開，溶出させる移動相として用いる液体のことである。

3 基本的な装置の構成要素として，移動相送液部，試料導入部，分離部，検出部，データ処理部などがある。

4 手動で試料を導入する際に，一定容量を計量して導入するため，試料ループを使用することができる。

5 移動相に溶解している空気を除去し，気泡の発生による流量やバックグラウンドの不安定化を防ぐために，脱気装置が用いられる。

〔題意〕 JIS K 0124「高速液体クロマトグラフィー通則」に規定されている内容について基礎知識を問う。

〔解説〕 JIS K 0124 の規格は，高速液体クロマトグラフを用いて分析種の定性または定量分析を行う場合および分析のための精製を目的とした分取を行う場合の通則に

ついて規定されている（1 適用範囲）。

　分離度（resolution）とは，目的成分のピークが隣接するピークからどの程度分離しているかを示す尺度のことである（3 用語及び定義 3.21）。よって，目的成分ピークと隣接するピークとの強度比ではないので，**1** の記述内容は誤りである。

　溶離液（eluent, eluant）とは，カラムに保持されている分析種を展開，溶出させる移動相として用いる液体のことである（同 3.8）。よって，**2** の記述内容は正しい。

　高速液体クロマトグラフの基本構成は，移動相送液部（送液ポンプ），試料導入部（試料導入装置），カラム・カラム槽部，検出部（検出器）およびデータ処理部（データ処理装置，記録計）から成る（4 高速液体クロマトグラフィー概説）。よって，**3** の記述内容は正しい。

　マイクロシリンジなどを用いて手動で導入するマニュアルインジェクター（手動試料導入装置）および多数の検体を順次自動で導入するオートサンプラー（自動試料導入装置）がある。いずれにおいても，測定用試料溶液を一定量，再現性よく系内に導入するため，導入した試料の残存が少なく，吸着などが生じない材質・構造が望ましい。マニュアルインジェクターでは，試料溶液をマイクロシリンジで必要量計量する方法および装置に取り付けられた一定容量の試料ループで計量する方法がある（5.3 試料導入部）。よって，**4** の記述内容は正しい。

　脱気装置は溶離液（移動相）に溶解している空気を連続的に取り除き，装置内で温度変化および圧力変化に伴い発生する気泡のトラブルを未然に防ぎ，安定した流量およびバックグラウンドが得られるようにするために用いられる（5.2 移動相送液部 b)）。よって，**5** の記述内容は正しい。

【正 解】 **1**

―――― 問 **22** ―――――――――――――――――――――――――――――――

　「JIS K 0102 工場排水試験方法」に規定されている分析法において，ICP 発光分光分析法が適用されていないものを，次の中から一つ選べ。

　1　ほう素

　2　全りん

　3　ナトリウム

4 鉄

5 すず

［題 意］ JIS K 0102「工場排水試験方法」に規定されている ICP 発光分光分析法の適用項目について問う。

［解 説］ 設問の分析対象項目について規定されている測定方法を**表**にまとめた。

表

分析対象項目	測定方法
1. ほう素	・メチレンブルー吸光光度法 ・アゾメチン H 吸光光度法 ・ICP 発光分光分析法 ・ICP 質量分析法
2. 全りん	・モリブデン青吸光光度法（ペルオキソ二硫酸カリウム分解，硝酸－過塩素酸分解または硝酸－硫酸分解によって試料中のりん化合物などを分解） ・溶媒抽出法による定量法（発色させてモリブデン青とし，2,6-ジメチル-4-ヘプタノン［ジイソプチルケトン (DIBK)］で抽出する）（同上の分解をしたもの） ・流れ分析法（同上の分解をしたもの） ・流れ分析法（加水分解または酸化分解してりん酸イオンとした後，りん酸イオンをモリブデン青吸光光度法によって定量する一連の操作による）
3. ナトリウム	・フレーム光度法 ・フレーム原子吸光法 ・イオンクロマトグラフ法 ・ICP 発光分光分析法
4. 鉄	・フェナントロリン吸光光度法 ・フレーム原子吸光法 ・電気加熱原子吸光法 ・ICP 発光分光分析法
5. すず	・フェニルフルオロン吸光光度法 ・ケルセチン吸光光度法 ・ICP 発光分光分析法 ・ICP 質量分析法

ナトリウムについての ICP 発光分光分析法は，2007 年に第 2 版として発行された ISO 11885 との整合を図ったことにより，JIS K 0102 の 2019 年改正でカリウムと同時に追加された。よって，全りんの分析法には，ICP 発光分光分析法が含まれていないの

で，**2** が該当する。

なお，ICP 発光分光分析法でりんを測定する場合は，180 nm 付近の真空紫外領域の波長を用いる。りん以外に真空紫外領域の波長（< 190 nm）が利用できる元素として，ハロゲン元素（Cl, Br, I），金属元素（Ga, In, Sn, Pb, Bi），非金属元素（B, Si, P, S）などがある。しかし，この領域の波長は，大気中の酸素による光吸収の影響を受けるので，これを除くため，真空ポンプを用いて分光器内から大気成分を除く方法や，乾燥した窒素やアルゴンなどの不活性ガスで分光器内をパージする方法が用いられる。また，透過率の高い窓材や反射率の高いミラーを用いる必要がある。

［正 解］ 2

---------- **問 23** ----------------------------

質量分析計による測定方法に関する次の記述の中から，誤っているものを一つ選べ。

1 設定した質量範囲を設定した走査速度で繰り返し走査し，走査ごとに質量スペクトルを採取・記録する方法を全イオン検出法という。

2 分析種に応じて，あらかじめ決めた特定の質量電荷比（m/z）のイオンを検出する方法を選択イオン検出法という。

3 特定のプリカーサイオンを第一アナライザーで選択し，そのイオンから生じる特定のプロダクトイオンを選んで分離・検出する方法を選択反応検出法という。

4 特定のプロダクトイオンを第二アナライザーで選択し，そのイオンを生じるプリカーサイオンを検出する方法をプロダクトイオンスキャン法という。

5 高分解能質量分析計による精密質量の測定結果から分子の組成式を推定できる。

［題 意］ JIS K 0123「ガスクロマトグラフィー質量分析通則」に規定されている測定方法について基礎知識を問う。

［解 説］ 全イオンモニタリング（TIM：total ion monitoring）とは，あらかじめ設定

した m/z 範囲と時間間隔に基づいて，その m/z 範囲に検出されるイオンの m/z および強度をその時間間隔ごとに質量スペクトルとして記録して保存することである。全イオン電流クロマトグラム（TICC）は，各走査で記録されたイオン強度（電流値）を積算したガスクロマトグラフィーの保持時間に対してプロットしたクロマトグラムとして得られる。走査ごとにそれぞれ特定の m/z を抽出し，そのイオン強度を保持時間に対してプロットしたものがマスクロマトグラムである（8.8 測定（質量スペクトルの採取）a））。よって，**1** の記述内容は正しい。

選択イオンモニタリング（SIM：selected ion monitoring）とは，分析種に応じて，あらかじめ決めた特定の m/z のイオンを検出する手法のことである。選択イオンモニタリングは特定分析種の高感度定量分析に利用される。選択したイオンだけを測定するので SN 比が向上する（同 b））。よって，**2** の記述内容は正しい。

選択反応モニタリング（SRM：selected reaction monitoring）または多重反応モニタリング法（MRM：multiple reaction monitoring）とは，特定のプリカーサイオンを第一のアナライザー（MS1）で選択し，そのイオンを衝突誘起解離（CID）させて生じたプロダクトイオンのいくつかを選んで第二のアナライザー（MS2）で分離及び検出する手法のことである。一般に，選択イオンモニタリング（SIM）と比べて選択性が向上する（同 c））。よって，**3** の記述内容は正しい。

プリカーサイオン走査とは，CID によって生じる特定のフラグメントイオンを生じるすべてのプリカーサイオンを検出する走査方法のことである（同 d) 2)）。よって，**4** の記述内容は，プリカーサイオン走査を説明しているので，誤りである。なお，プロダクトイオンスキャンとは，第一のアナライザー（MS1）で特定のイオン（プリカーサイオン）を選択してコリジョンセルに導入し，CID によって得られるイオン（プロダクトイオン）を，第二のアナライザー（MS2）をスキャンモードで動作させることによって検出する走査方法のことである。このデータからは，プリカーサイオンからの開裂によってできるイオンを知ることができる。このモードはより高感度な分析をするための準備（多重反応モニタリングなど）に使用されたり，物質の構造解析に使用されたりする。

分子イオンまたはフラグメントイオンについて高分解能測定が可能な場合は，精密質量を求め，データシステムによって分子式またはイオンの組成式を推定することができる（10 定性分析 a) 4)）。よって，**5** の記述内容は正しい。

〔正 解〕 **4**

---- 〔問〕 **24** ---

「JIS K 0125 用水・排水中の揮発性有機化合物試験方法」に規定されている試料の採取及び取扱いに関する次の記述の中から，誤っているものを一つ選べ。

1 試料容器は，40 mL 〜 500 mL のガラス製ねじ蓋付容器とし，ねじ蓋には四ふっ化エチレン樹脂フィルム（又は同等の品質のもの）で内ばりしたものを用いる。

2 試料容器は，あらかじめメタノール（又はアセトン）及びトルエン（又はジクロロメタン）で洗浄した後，105℃ ± 2℃で約 3 時間加熱し，試験環境からの汚染の影響を受けないようにデシケーター中で放冷する。

3 試料を，試料容器に泡立てないように移し入れ，気泡が残らないように満たして密栓する。

4 ホルムアルデヒドの試験に用いる試料は，精製水及びアセトンで洗浄したガラス容器に泡立てないように静かに採取し，満水にして直ちに密栓する。

5 試験は試料採取後直ちに行う。直ちに行えない場合には，4℃以下の暗所で凍結させないで保存し，できるだけ早く試験する。

〔題 意〕 JIS K 0125「用水・排水中の揮発性有機化合物試験方法」に規定されている試料の採取および取り扱いについて基礎知識を問う。

〔解 説〕 試料容器は，40 〜 500 mL のガラス製ねじ蓋付容器を使用し，ねじ蓋は四ふっ化エチレン樹脂フィルム（または同等の品質のもの）で内ばりしたものを用い，あらかじめ JIS K 0557 に規定する A2 または A3 の水で洗浄した後，105 ± 2℃ で約 3 時間加熱し，試験環境からの汚染の影響を受けないようにデシケーター中で放冷する。四ふっ化エチレン樹脂フィルムは厚さ 50 μm 程度のものを使用する。また，パージ容器の代わりにバイアルを用いるパージ・トラップ装置の場合は，この容器を用いてもよい。活性炭抽出・ガスクロマトグラフ質量分析法で 1,4-ジオキサンを測定する場合は，500 mL 以上のガラス製容器を用いる（JIS K 0125 の 4.1.1 試料容器）。よって，**1** の

記述内容は正しいが，**2** の記述内容は誤りである。

　表層水の採取は，試料を JIS K 0094 の 4.1.1（試料容器による採取）または 4.1.2（バケツ類による採取）に従って採取し，試料容器に泡立てないように移し入れ，気泡が残らないように満たして密栓する。各深度の水の採取は，試料を JIS K 0094 の 4.1.4（バンドーン採水器による採取）に従って採取し，試料容器に泡立てないように移し入れ，気泡が残らないように満たして密栓する（JIS K 0125 の 4.1.2 採取操作 a）および b））。よって，**3** の記述内容は正しい。

　ホルムアルデヒドの試験に用いる試料は，精製水およびアセトンで洗浄したガラス瓶に泡立てないように静かに採取し，満水にして直ちに密栓して速やかに試験する。速やかに試験できない場合は冷蔵保存する（同 f)）。よって，**4** の記述内容は正しい。

　試験は試料採取後直ちに行う。直ちに行えない場合には，4 ℃以下の暗所で凍結させないで保存し，できるだけ早く試験する。なお，試料採取および試料の保存において，揮発性有機化合物は揮散・揮発などによって濃度が変化するので，注意が必要である。揮発性有機化合物の安定性は物質によって異なるが，試料中の揮発性有機化合物の濃度が低い場合は，試料を暗所で保存する場合でも，急激に低下するものもあるので注意が必要である（4.2 試料の取扱い）。よって，**5** の記述内容は正しい。

〔正解〕　**2**

-------- 問 25 --

「JIS B 7954 大気中の浮遊粒子状物質自動計測器」に関する次の記述の中から，誤っているものを一つ選べ。

1　環境基本法に基づく大気の汚染に係る環境基準に関する浮遊粒子状物質とは，大気中に浮遊する粒子状物質で，その粒径が 1 µm 以下のものをいう。

2　ベータ線吸収方式は，ろ紙上に捕集した粒子によるベータ線の吸収量の増加から質量濃度としての指示値を得るものである。

3　ベータ線吸収方式で用いるベータ線源の放射能は，3.7×10^6 Bq 以下であり，放射線障害防止法[注]に規定された「放射性同位元素」には該当しないが，その取扱いには注意しなければならない。

4　圧電天びん方式は，粒子を静電的に水晶振動子上に捕集し，質量の増加

に伴う水晶振動子の振動数の変化量から質量濃度を求めるものである。

5 フィルタ振動方式は，ろ紙上に捕集した粒子による円すい状振動子の振動数の低下から質量濃度としての指示を得るものである。

注：現在，放射性同位元素等による放射性障害の防止に関する法律（放射性障害防止法）は，放射性同位元素等の規制に関する法律に改称されています。この法律の名称に関する内容は問題の対象外とする。

［題 意］ JIS B 7954「大気中の浮遊粒子状物質自動計測器」に規定されている内容について基礎知識を問う。

［解 説］ 浮遊粒子状物質とは，大気中に浮遊する粉じん（ここでは，ダスト，ヒューム，ミストを含む。）のことである。なお，環境基本法に基づく大気の汚染に係る環境基準に関する浮遊粒子状物質とは，大気中に浮遊する粒子状物質で，その粒径が 10 μm 以下のものをいう（3. 定義 a)）。よって，**1** の記述内容は誤りである。

ベータ線吸収方式は，ろ紙上に捕集した粒子によるベータ線の吸収量の増加から質量濃度としての指示値を得るものである（5.2.1 ベータ線吸収方式）。よって，**2** の記述内容は正しい。

ベータ線吸収方式で用いるベータ線源は，密封線源で，14C, 147Pm などの低いエネルギーのものを使用する。なお，これらの線源の放射能は，3.7×10^6 Bq (100 μCi) 以下であり，放射線障害防止法に規定された"放射性同位元素"には該当しないが，その取扱いには注意しなければならない（同 d)）。よって，**3** の記述内容は正しい。

圧電天びん方式は，粒子を静電的に水晶振動子上に捕集し，質量の増加に伴う水晶振動子の振動数の変化量から質量濃度を求めるものである（5.2.2 圧電天びん方式）。よって，**4** の記述内容は正しい。

フィルタ振動方式は，ろ紙上に捕集した粒子による円すい状振動子の振動数の低下から質量濃度としての指示を得るものである（5.2.4 フィルタ振動方式）。

よって，**5** の記述内容は正しい。

［正 解］ **1**

2.2 第72回（令和3年12月実施）

---- 問 1 ----

「JIS Z 8802 pH 測定方法」に規定されている pH 計の校正方法に従ったとき，試料溶液の pH 値が 7 以下の場合にスパン校正で用いる pH 標準液として，正しいものを次の中から一つ選べ。

1 フタル酸塩 pH 標準液

2 中性りん酸塩 pH 標準液

3 りん酸塩 pH 標準液

4 ほう酸塩 pH 標準液

5 炭酸塩 pH 標準液

題意 JIS Z 8802「pH 測定方法」に規定されている pH 計の校正について基礎知識を問う。

解説 JIS Z 8802「pH 測定方法」の「8.2.2 pH 計の校正」によれば，スパン校正の手順は，つぎのとおりである。

① 試料溶液の pH 値が 7 以下の場合は，検出部をフタル酸塩 pH 標準液またはしゅう酸塩 pH 標準液に浸し，pH 標準液の温度に対応する値に調整して校正する。

この場合，調製 pH 標準液を用いたときは，調製 pH 標準液の各温度における pH 値の典型値で，認証 pH 標準液を用いたときは認証書または校正証明書の値で校正する。

② 試料溶液の pH 値が 7 を超える場合は，検出部をりん酸塩 pH 標準液，ほう酸塩 pH 標準液または炭酸塩 pH 標準液に浸し，その後の操作は ① と同様に行う。

なお，試料溶液の pH 値が 11 以上の場合は，pH 値が 11 以上のための調製 pH 標準液に準じた溶液として，炭酸塩を含まない 0.1 mol/L 水酸化ナトリウム溶液および飽和（25℃における）水酸化カルシウム溶液を使用することができる。

よって，試料溶液の pH 値が 7 以下の場合は，**1** に記載のフタル酸塩 pH 標準液を使用する。

正解 **1**

----- 問 **2** -----

　ある溶質の質量分率が 20.0 mg/kg の溶液がある。ここからある体積をはかりとり，この溶液と同じ溶媒で希釈して質量濃度が 10.0 mg/L の溶液を 200 mL 調整したい。はかりとる体積として，最も近い体積を次の中から一つ選べ。ただし，希釈前の溶液の密度は 1.25 g/mL とする。

1　60 mL

2　80 mL

3　100 mL

4　125 mL

5　150 mL

題 意　溶質の質量分率〔mg/kg〕と体積濃度〔mg/L〕を扱った簡単な計算問題である。

解 説　採取する溶液の体積を x〔mL〕としたとき，希釈前の溶質の絶対質量が，希釈後の溶質の絶対質量と同じになるので，次式により採取量を求めることができる。ここで，希釈前の溶液の密度 ρ は，1.25 g/mL であるため，溶質の質量単位を g に統一することに留意する。

$$稀釈前の溶質の絶対質量：x〔\text{mL}〕\times \rho〔\text{g/mL}〕\times \frac{0.02\,\text{g}}{1\,000\,\text{g}}$$

$$稀釈後の溶質の絶対質量：10.0\,\text{mg/L}\times \frac{200\,\text{mL}}{1\,000\,\text{mL}}\times 10^{-3}$$

$$\therefore\quad x\times 1.25\times 0.02 = 10\times 200\times 10^{-3}$$

$$x = 80.0\,\text{mL}$$

よって，**2** の値が最も近い。

正 解　**2**

----- 問 **3** -----

　ガスクロマトグラフィーにおける試料の誘導体化に関する次の記述の中から，誤っているものを一つ選べ。

1 誘導体化することで，揮発性や安定性を向上させ，分離を容易にすることができる。

2 分析種を検出しやすい化学形にすることで，選択性を向上させ，高感度検出を可能とすることができる。

3 オンカラム誘導体化とは，誘導体化試薬と試料を混合した溶液を冷却した注入口に注入して反応させる方法である。

4 光学異性体を，キラル試薬を用いてジアステレオマー化することで，光学活性カラムを使わずに分離可能にできる。

5 誘導体化試薬は反応性の高い試薬が多いため，湿気を避け密栓し冷暗所に保管する。

題意 JIS K 0114「ガスクロマトグラフィー通則」に記載されている誘導体化について基礎知識を問う。

解説 JIS K 0114「ガスクロマトグラフィー通則」の「9.1.2 誘導体化及び標識化」によれば，試料をガスクロマトグラフで分離・分析しやすい形態に変換したり，検出しやすい形態に変換したりするための前処理として，誘導体化および標識化の二つの方法がある。これは，あらかじめ誘導体化した後ガスクロマトグラフに注入する方法と，誘導体化試薬と混合した溶液を加熱した注入口に注入して反応させ，そのまま測定する方法である。

標識化は，検出器に質量分析計（MS）を用いて定性分析を行うために有効である。誘導体化および標識化試薬は，反応性の高い試薬が多いので，湿気を避けて，密栓し乾燥冷暗所に保管する。皮膚，目および口粘膜との接触を避け，蒸気を吸わない，なるべく早く使い切るなどの注意が必要である（**5** の記述内容は正しい。）。

誘導体化の効果は，① 分離の改善について，誘導体化することで，揮発性または安定性を増すことによって，分離が容易になる（**1** の記述内容は正しい。）。また，光学異性体をジアステレオマーに導くことで，光学活性カラムを使わずに分離可能にできるなどの効果がある（**4** の記述内容は正しい。）。

② 検出感度の向上について，電子捕獲検出器（ECD），質量分析計（MS），熱イオン化検出器（NPD）などの検出器で，検出しやすい化学形にすることで，選択性を向上

し高感度検出を可能とすることができる（**2** の記述内容は正しい。）。

③化学構造に関する知見について，誘導体化前後の選択的検出器の応答変化，保持値変化から官能基の数などを推定でき，また分離挙動を比較し，特定の成分を見分けることができる。

誘導体化の種類には，①エステル化，②シリル化，③アシル化，④その他，シッフ塩基生成，環状誘導体化，光学異性体のジアステレオマー化，アルデヒドの分析に2,4-ジニトロフェニルヒドラゾンを用いた2,4-ジニトロフェニルヒドラゾン（2,4-DNPH）化などがある。

オンカラム誘導体化は，誘導体化試薬と混合した溶液を加熱した注入口に注入して反応させ，そのまま測定する（**3** の記述内容は誤り。）。

誘導体化試薬としては，アルキルアンモニウムヒドロキサイドなどがあり，これらのオニウム塩は，トリグリセライドとエステル交換反応によって構成脂肪酸のメチルエステルを生成する。

また，質量分析計（MS）の検出器に有効な誘導体化には，トリメチルシリル化剤を標識化した標識誘導体化，またジメチルアルキルシリルイミダゾール，tert-ブチルジメチルシリル化剤，フェロセンボロン酸などによる誘導体化がある。

ECD または MS に有効な誘導体化としては，トリフルオロアセチル化剤，ペンタフルオロベンジルエステル化剤，ハロメチルジメチルシリル化剤およびペンタフルオロフェニルジメチルシリル化剤による誘導体化などがある。

〔正 解〕 **3**

------ 問 **4** ------

「JIS K 0050 化学分析方法通則」の規定に基づく，数値の表し方に関する次の記述の中から，誤っているものを一つ選べ。

1　「10.0±0.2」と表したとき，9.76 はこの表記の表す範囲に含まれる。

2　温度範囲を指定する場合を除いて「10 〜 15」と表したとき，9.9 はこの表記の表す範囲に含まれる。

3　「約 10」と表したとき，9.1 はこの表記の許容範囲に含まれる。

4　液体の体積について「正確に 10 mL」と指定されたとき，呼び容量 10 mL

の全量ピペットを用いてはかることは許容される。

5　質量について「正確に 10.0 g」と指定されたとき，10.01 g は許容されない。

（題　意） JIS K 0050「化学分析方法通則」の規定による数値の表し方について基礎知識を問う。

（解　説） JIS K 0050「化学分析方法通則」の「5.1 数値の表し方」によれば，数値を指定するときの表し方は，つぎのとおりである。

a）"1"，"1.1"，"1.23"のように数値を表す場合，丸めた結果が示した値になることを意味する。

b）許容差として"±"を付けて数値を指定する場合，丸めた結果が指定した範囲にあることを許容することを意味する。例えば 10.0±0.2 とした場合，丸めた結果が 9.8 ～ 10.2 の範囲にあることを許容することを意味する。**1** の 9.76 は丸め幅 0.1 で丸めると 9.8 になるので，10.0±0.2 の範囲に含まれるため記述内容は正しい。

c）"10 ～ 15"のように，連続符号"～"を付けて範囲を指定する場合，丸めた結果が 10 から 15 までの範囲にあることを許容することを意味する。例えば，正確に 10 以上かつ 15 以下を示したいときは，"10.00 ～ 15.00"のように，必要な桁数を明示する。ただし，"10℃ ～ 15℃"のように温度範囲を指定する場合は，範囲の最低値は 1 桁下の数値を切り捨てた温度を，最高値は切り上げた温度を意味する。**2** の 9.9 は，丸め幅 1 で丸めると 10 になり，温度範囲を指定していないので丸めた結果が 10 から 15 までの範囲に含まれるので記述内容は正しい。

d）"約 2.0"のように"約"を付けて数値を指定する場合，その数値に近い値を意味する。許容範囲が必要なときは，その数値の ±10 ％またはその数値への丸め誤差のいずれか幅広いほうとする。例えば，約 2 および約 10 の許容範囲は，その数値の ±10 ％にすると，それぞれ 1.8 ～ 2.2，および 9 ～ 11 である。一方，その数値への丸め誤差とすると，丸めの幅が 1 の場合，1.5 ～ 2.5 および 9.5 ～ 10.5 である。したがって，いずれか幅広いほうとするので，約 2 および約 10 の許容範囲は，それぞれ数値の丸め方に従った範囲 1.5 ～ 2.5，およびその数値の ±10 ％に相当する 9 ～ 11 となる。**3** の 9.1 は，約 10 の ±10 ％に相当する 9 ～ 11 となり，範囲に含まれるので記述内容は正しい。

e）温度および温度差を小数点以下の指定がない整数で示す場合，セルシウス度（℃）

を用いるときは，指定した温度の ±1℃または ±5％のいずれか大きいほうの差を許容することを意味し，ケルビン（K）を用いるときは，指定した温度の ±1K または指定した温度から 273 を差し引いた値の ±5％のいずれか大きいほうの差を許容することを意味する。

f) 数値を指定するときの表し方には，"約 1g を 0.1mg の桁まで読み取る。"のように読取りに必要な桁を示してもよい。

g) 体積について"正確に 10mL"のように指定するときは，全量フラスコ，全量ピペット，ビュレットなどを用い，その体積計のもつ正確さで液体を計ることを意味する。よって，**4** の記述内容は正しい。

h) 質量について"正確に 10.0g"を指定する場合と，"約 10g を 1mg の桁まで正確にはかる"を指定する場合とを明確に区別する。前者は丸めた結果が 10.0g であることを意味し，後者は例えば 9.856g のようにはかることを意味する。10.01g は，丸め幅 0.1 で丸めると 10.0 になり，"正確に 10.0g"を指定することになるので，**5** の記述内容は誤りである。

【正 解】 **5**

------ 問 **5** ---

「JIS K 0115 吸光光度分析通則」に関する次の記述の中から，誤っているものを一つ選べ。

1 吸光度とは，光が物質を透過する割合を，透過後の光の量と通過前の光の量との比で表したものである。

2 モル吸光係数とは，特定試料の吸光度を，分析種の濃度 1mol/L，光路長 1cm のセルを用いた場合に換算した係数である。

3 複光束方式とは，光源からの光を試料側と対照側とに分岐させる光学系の一方式である。

4 ハロゲンランプは，320nm 以上の長波長域で分光光度計の光源用放射体として用いられる。

5 フォトダイオード又は電荷結合素子（CCD）を波長分散方向にアレイ状に配置したアレイ形検出器は，複数の波長における光を同時に検出するこ

とができる。

［題 意］　JIS K 0115「吸光光度分析通則」に規定されている用語および定義や装置構成について基礎知識を問う。

［解 説］　JIS K 0115「吸光光度分析通則」の「3 用語及び定義」によれば，吸光度（absorbance）は，試料を透過した光の強度と透過前の光の強度との比を常用対数で表した数値である（**1** の記述内容は誤り）。

モル吸光係数（molar absorption coefficient）は，特定試料の吸光度を，分析種の濃度 1 mol/L で，光路長 1 cm のセルを用いた場合に換算した係数である（**2** の記述内容は正しい）。

複光束方式（double beam）は，光源からの光を試料側と対照側とに分岐させる光学系の 1 方式である（**3** の記述内容は正しい）。

「4.2.2.1 光源部」によれば，光源用放射体であるハロゲンランプは，320 nm 以上の長波長域で用いる。ガス入り電球に微量のハロゲンを添加して封入すると，電球内の低温部ではタングステンと化合して透明になり，高温部では，分解してタングステンを生成する。このため，黒化を防ぎ，また，電球を小さくすることができる。さらに，寿命までの間の放射の減少率が低いという特長がある（**4** の記述内容は正しい）。

「4.2.2.4 測光部 b）検出器」によれば，アレイ形検出器は，フォトダイオードまたは電荷結合素子（charge coupled device，CCD）を波長分散方向にアレイ状に配置した検出器であり，複数の波長における光を同時に検出する検出器である（**5** の記述内容は正しい）。

［正 解］　**1**

------ **［問］6** ------

「JIS K 0312 工業用水・工場排水中のダイオキシン類の測定方法」に基づくダイオキシン類の同定及び定量に関する次の記述について，下線部 (a) ～ (c) に記述した語句の正誤の組合せとして，正しいものを一つ選べ。

キャピラリーカラムを用いるガスクロマトグラフと (a) 四重極形質量分析計を用いるガスクロマトグラフィー質量分析法によって行う。分解能 (b) 1 000 での

測定を維持するため，質量校正用標準物質を測定用試料と同時にイオン源に導き，質量の変動を補正するロックマス方式による選択イオン検出法（SIM 法）で検出する。保持時間及びイオン強度比からダイオキシン類であることを確認した後，クロマトグラム上のピーク面積から (c)内標準法によって定量を行う。

	(a)	(b)	(c)
1	誤	正	正
2	正	正	誤
3	正	誤	正
4	誤	誤	正
5	正	誤	誤

［題 意］ JIS K 0312「工業用水・工場排水中のダイオキシン類の測定方法」に規定されているダイオキシン類の同定および定量について基礎知識を問う。

［解 説］ JIS K 0312「工業用水・工場排水中のダイオキシン類の測定方法」の「7 同定及び定量　7.1 概要」によれば，ダイオキシン類の同定および定量は，キャピラリーカラムを用いる GC および (a)MS（下記に詳述）を用いるガスクロマトグラフィー質量分析法によって行う。分解能は (b)10 000 以上が要求されるが，使用する内標準物質によっては 12 000 が必要となる（(b)の記述内容は誤り）。10 000 以上の高分解能での測定を維持するため，校正用標準試料を測定用試料と同時にイオン源に導いてモニターイオンに近い質量のイオンをモニターして質量の微少な変動を補正するロックマス方式による選択イオンモニタリング（以下，SIM という。）で検出し，保持時間およびイオン強度比からダイオキシン類であることを確認した後，クロマトグラム上のピーク面積から (c)内標準法によって定量を行う（(c)の記述内容は正しい）。

　この規格で用いる GC-MS における装置の検出下限は，装置の機種，測定条件などによって変動するが，TeCDDs，PeCDDs，TeCDFs および PeCDFs で 0.1 pg，HxCDDs，HpCDDs，HxCDFs および HpCDFs で 0.2 pg，OCDD および OCDF で 0.5 pg 並びに DL-PCBs で 0.2 pg 以下とする。

　また，「7.2.2.2 MS」によれば，MS は，a) 方式：二重収束方式，b) 分解能：10 000 以上である。ただし，内標準物質として $^{13}C_{12}$-OCDF を使用する場合，キャピラリー

カラムの選択によっては12 000程度が必要となる。c）イオン検出方法：校正用標準試料を用いたロックマス方式によるSIM，d）イオン化方法：電子イオン化（EI）法，e）イオン源温度：250 ℃ 〜 320 ℃，f）イオン化電流：0.5 mA 〜 1 mA，g）電子加速電圧：30 V 〜 70 V，h）最大イオン加速電圧：5 kV 〜 10 kV，となっている（(a)の記述内容は誤り）。

よって，正誤の組合せとして，**4**が該当する。

［正 解］ 4

---- ［問］ **7** ----

ICP発光分光分析において，共存元素による分光干渉の影響を軽減する方法として，誤っているものを一つ選べ。

1 干渉を受けない分析線を選択する。

2 共存元素の影響を数値的に差し引く元素間干渉補正を行う。

3 共存元素のスペクトルを試料溶液のスペクトルから差し引く補正を行う。

4 バックグラウンド補正を行う。

5 標準添加法による定量を行う。

［題 意］ JIS K 0116「発光分光分析通則」に記載されている分光干渉について基礎知識を問う。

［解 説］ JIS K 0116「発光分光分析通則」の「4.6.2 干渉 a）分光干渉」によれば，分光干渉を及ぼす要因および対処法は，つぎのとおりである。

① 他の元素の発光線による干渉は，アルゴンの発光線または試料中に含まれる共存元素の発光線が，測定対象元素と近接した波長をもつ場合に生じる。干渉の割合は，分光器の分解能，二つの発光線の波長差および強度比によって決まる。

干渉を避けるためには，干渉を受けない別の分析線を選択する。適切な分析線が見つからない場合には，分光干渉補正を行う（**1**および**2**の記述内容は正しい。）。

② 分子バンドによる干渉は，NO（波長：200 〜 240 nm），OHおよびNH（波長：300 〜 340 nm），CH（波長：380 〜 390 nm）などの分子バンドスペクトルが測定対象元素と近接した波長をもつ場合に生じる。

干渉を避けるためには，分子バンドスペクトルは空気中または溶液中の N，O，H，C に起因するため，検量線作成用溶液，試料溶液の酸の種類および濃度をできるだけ一致させてバックグラウンド補正を行う（**3** の記述内容は正しい。）。

③ 再結合によるバックグラウンドの増加とは，試料中に高濃度で含まれる元素の発光によってバックグラウンドが増加することをいう。

干渉を避けるためには，バックグラウンド補正を行うことで干渉を除去できる（**4** の記述内容は正しい）。

④ 標準添加法とは，試料溶液から等量に 4 個以上の溶液を採取し，測定対象元素を添加しないもの 1 種類と，測定対象元素をそれぞれ異なる濃度で添加したもの 3 種類以上とを調製する。それぞれの溶液の発光強度と濃度との関係線を作成し，横軸（濃度）の切片から試料溶液中の測定対象元素の濃度を求める。この方法は分光干渉がないか，またはバックグラウンドおよび分光干渉が正しく補正されていて，かつ，発光強度と濃度との関係線が良好な直線性を保つ場合だけに適用できる（4.7.3 定量法　注記 4）。よって，分光干渉の影響がある場合には適用できないので，**5** の記述内容は誤りである。

〔正 解〕 **5**

----- 問 **8** ---

「JIS K 0098 排ガス中の一酸化炭素分析方法」に関する次の記述の中から，誤っているものを一つ選べ。

1　この規格では，検知管法も使用することができる。

2　ガスクロマトグラフ法における試料採取には，捕集バッグを用いることができる。

3　赤外線吸収方式は，連続測定に使用することができる。

4　試料ガス採取装置において，配管中に水分が凝縮するおそれがある場合は，試料ガス採取管を 120 ℃以上に加熱しなくてはならない。

5　ガスクロマトグラフ法では，メタン化反応装置付き熱伝導度検出器を使用する必要がある。

［題 意］ JIS K 0098「排ガス中の一酸化炭素分析方法」について基礎知識を問う。

［解 説］ JIS K 0098「排ガス中の一酸化炭素分析方法」の「3分析方法の種類と概要」によれば，分析方法の種類および概要は，以下のとおりである。

① ガスクロマトグラフ法：熱伝導度検出器（TCD），またはメタン化反応装置および水素炎イオン化検出器（FID）を備えたガスクロマトグラフを用い，絶対検量線法によって一酸化炭素濃度を求める。試料採取は，注射筒法または捕集バッグ法を用いる。

② 検知管法：検知管式ガス測定器を用いて一酸化炭素濃度を求める。試料採取は，捕集バッグ法または検知管式を用いる。

③ 赤外線吸収法：赤外線ガス分析計を用いて一酸化炭素濃度を求める。試料採取は，捕集バッグ法または連続測定を用いる。

④ 定電位電解法：定電位電解分析計を用いて一酸化炭素濃度を求める。試料採取は，捕集バッグ法または連続測定を用いる。

よって，**1**，**2**および**3**の記述内容は正しいが，**5**の記載内容は誤りである。

「4.3.1 器具及び装置」によれば，試料ガス採取装置は，つぎの条件を備えていること。(a) 試料ガス採取管は，排ガス中の共存成分によって腐食されないような管，例えばガラス管，ステンレス鋼管，石英管，ふっ素樹脂管などを用いる。(b) 試料ガス中にダストが混入することを防ぐため，試料ガス採取管の適当な箇所にろ過材を入れる。(c) 配管中に水分の凝縮するおそれがある場合は，試料ガス採取管を120℃以上に加熱しなければならない。(d) 加熱部分における配管の接続には，すり合わせまたはシリコーンゴム管を用いる。

よって，**4**の記述内容は正しい。

［正 解］ **5**

------- **［問］9** ---

「JIS K 0121 原子吸光分析通則」に規定されている分析装置のバックグラウンド補正法に関する次の記述の中から，正しいものを一つ選べ。

1 連続スペクトル光源補正方式は，波長 350 nm 以下の分析線だけに使用できる。

2 連続スペクトル光源補正方式では，バックグラウンド補正用光源から放

射される光を，ミラーなどを用い原子化部を迂回（うかい）させて検出器に

導く。

3　ゼーマン分裂補正方式は，磁場によってスペクトル線にゼーマン分裂を

生じる現象を利用した補正法である。

4　ゼーマン分裂補正方式は，シングルビーム方式で使用できるが，ダブル

ビーム方式では使用できない。

5　自己反転方式は，ランプに常に高電流を流す方式である。

〔題 意〕　JIS K 0121「原子吸光分析通則」に記載されている分析装置のバックグラ
ウンド補正法について基礎知識を問う。

〔解 説〕　JIS K 0121「原子吸光分析通則」の「5.7 バックグラウンド補正部」によれ
ば，バックグラウンド補正方式には，連続スペクトル光源補正方式，ゼーマン分裂補
正方式，非共鳴近接線補正方式および自己反転補正方式の4種類がある。

① 連続スペクトル光源補正方式は，連続スペクトルを発生する光源（例えば，重水
素ランプ，タングステンランプなど）をバックグラウンド補正に用いる方式である。
連続スペクトル光源ランプおよびその光線を分析用光源ランプ（中空陰極ランプ）の
光軸に一致させる光学系で構成する。補正用光源としては，180 ～ 350 nm の範囲に分
析線をもつ元素に対しては重水素ランプが，また，350 ～ 800 nm の範囲の元素に対し
ては，タングステンランプが最もよく用いられる。連続スペクトルを光源とした場合，
補正線の波長幅は光学系に依存し，モノクロメーターのスペクトルバンド幅に等しい
ので，原子吸収線のそれよりはるかに広い。その結果，原子蒸気による吸収はほとん
ど認められず，バックグラウンド吸収だけが測定される。一方，中空陰極ランプを光
源とした場合は，光学系によって取り出される分析線の波長幅は，光源ランプ固有の
輝線スペクトルの波長幅と同じであり，極めて狭いため，原子蒸気による吸収とバッ
クグラウンドによる吸収との両方が測定される。したがって，両者の吸収の差を電気
的または計算で求めることによって，バックグラウンド吸収の影響を除くことができ
る。よって，**1**および**2**の記述内容は誤りである。

② ゼーマン分裂補正方式は，磁場によってゼーマン分裂したスペクトル線をバック
グラウンド補正に用いる方式である。ゼーマン効果を生じさせるための磁石および光

信号を分別する信号処理部で構成する。磁石は，永久磁石または交流磁石を用いる。交流磁石を利用したとき，磁場を光軸に対して平行にかける方式と垂直にかける方式とがある。また，磁場の強度は，固定と可変の方式とがある。例えば，磁場を垂直にかけた場合，吸収スペクトルに磁場をかけると，磁場と平行に偏光した光だけを吸収する中央の原子吸収線（π）と垂直に偏光した光だけを吸収する両側の原子吸収線（σ^+，σ^-）とに分裂する。バックグラウンド吸収は分裂もせず，偏光特性も生じない。一方，光源からの光束は，偏光成分（$P_{//}$）および偏光成分（$P_\perp$）に分けられるが，両方とも原子吸収線と同じ波長である。したがって，偏光成分（$P_{//}$）によって原子吸収とバックグラウンド吸収とが測定でき，偏光成分（$P_\perp$）だけを測定するとバックグラウンドが測定できるので，これを差し引きすることで，原子吸収が求められる。

「5.4.1 測光方式」によれば，測光方式は，シングルビーム方式とダブルビーム方式とがある。シングルビーム方式は，1本の光束で測定を行うが，ダブルビーム方式は，光束をハーフミラーなどによって分割し，一方を原子化部に通過させ，他方は，迂回する。後者を参照光として光強度変化を補正するものであり，バックグラウンド補正とは目的・用途が異なるので，すべてのバックグラウンド補正方式に適用することができる。よって，**3** の記述内容は正しいが，**4** の記述内容は誤りである。

③ 自己反転補正方式は，中空陰極ランプに高電流を流すと生じる自己反転現象をバックグラウンド補正に用いる方式である。すなわち，中空陰極ランプに高電流を流すと共鳴線のスペクトルは，自己吸収を起こし，本来，原子吸光が起こる中心付近の光が弱く，その周りが強い，やや広がったスペクトルになる。この状態では，主にバックグラウンド吸収が測定される。一方，通常の電流を流した場合は，通常の原子吸光とバックグラウンド吸収とが合わさったものが測定される。後者から，前者を差し引くことによって原子吸光だけが得られる。装置としては，高電流に対応した中空陰極ランプと，これに通常の電流（分析用，IL）と高電流（バックグラウンド補正用，IH）とを交互に流す機能をもつランプ電源とで構成する。よって，測定中は，常に交互に高電流と通常の電流を流しているので，**5** の記述内容は誤りである。

④ 非共鳴近接線補正方式は，中空陰極ランプから発生する分析対象元素の共鳴線に近接するスペクトル線を，バックグラウンド補正に用いる方式である。分析用とは別のバックグラウンド補正用光源ランプ（中空陰極ランプ）およびその光軸を分析用光源ランプ（中空陰極ランプ）の光軸に一致させる光学系で構成する。分析用，補正用

共に輝線スペクトル光線を用いる。光学系によって，分析用光源から目的元素の共鳴線を取り出し，これを分析線とする。この分析線は，原子吸収スペクトルと同一波長であり，原子吸収とバックグラウンド吸収との合計が測定できる。一方，補正用光源から光学系で，分析線とは異なる近接した輝線を取り出し，これを補正線とする。この補正線は，原子吸収スペクトルとは異なる波長なので，原子吸収は起こさず，バックグラウンド吸収だけが測定できる。これによって，分析線の吸収から補正線の吸収を差し引くことによって，補正ができる。なお，補正線は分析線に十分近接しており，しかも原子蒸気によって吸収されない輝線（封入ガスであるネオン線，アルゴン線なども使用可能）を選ぶ必要がある。また，この補正法は，分析線の片すそだけのバックグラウンド吸収を測定しているために，分析線の両端のバックグラウンド吸収の大きさが異なる場合は適切ではない。設問には，非共鳴近接線補正方式の記載はないが，これら四つのバックグラウンド方式については原理および特徴を知っておくことが重要である。

〔正 解〕 **3**

-------- 問 **10** --------

「JIS K 0109 排ガス中のシアン化水素分析方法」に規定されている吸光光度法及びガスクロマトグラフ法に関する次の記述の中から，正しいものを一つ選べ。

1 吸光光度法では，吸収液として硫酸－過酸化水素水を用いる。

2 吸光光度法では，4-アミノアンチピリン溶液で発色させる。

3 ガスクロマトグラフ法では，熱イオン化検出器を使用する。

4 ガスクロマトグラフ法と吸光光度法では，同じ試料採取方法を用いる。

5 ガスクロマトグラフ法における定量範囲は，吸光光度法のそれと比較して狭い。

〔題 意〕 JIS K 0109「排ガス中のシアン化水素分析方法」に規定されている分析方法について基礎知識を問う。

〔解 説〕 JIS K 0109「排ガス中のシアン化水素分析方法」および附属書（規定）に規定されている分析方法の種類および概要を**表**に示す。この表からわかるように，**3** の

表　排ガス中のシアン化水素分析方法の種類および概要

分析方法の種類	要　旨	試料採取	定量範囲 vol ppm〔mg/m³〕
ガスクロマトグラフ法	試料ガスを熱イオン化検出器付きガスクロマトグラフに直接導入してクロマトグラムを得る。	注射筒法	0.2 ～ 34.4 (0.3 ～ 41.7)
4-ピリジンカルボン酸-ピラゾロン吸光光度法	試料ガス中のシアン化水素を吸収液に吸収させた後，4-ピリジンカルボン酸-ピラゾロン溶液を加えて発色させ，吸光度を測定する。	吸収瓶法 吸収液：水酸化ナトリウム溶液 (5 mol/L) 液量：50 mL×2 本 標準採取量：10 L	0.5 ～ 8.6 (0.6 ～ 10.4)
イオン電極法 (附属書 A)	試料ガス中のシアン化水素を吸収液に吸収させた後，イオン電極を用いて電位を測定する。	吸収瓶法 吸収液：水酸化ナトリウム溶液 (5 mol/L) 液量：50 mL×2 本 標準採取量：10 L	0.1 ～ 13.4 (0.2 ～ 16.2)
イオンクロマトグラフ法 (附属書 B)	試料ガス中のシアン化水素を吸収液に吸収させた後，吸収液の一定量にクロラミンT溶液を加えてシアン酸イオンに酸化した後，この液をイオンクロマトグラフに導入し，クロマトグラムを記録する。	吸収瓶法 吸収液：水酸化ナトリウム溶液 (0.5 mol/L) 液量：25 mL×2 本 液量：50 mL×2 本 標準採取量：20 L	0.5 ～ 10.7 (0.6 ～ 13.0) 4.3 ～ 107 (5.2 ～ 130)

記述内容が正しい。

【正　解】 3

-------- 問 11 --------

「JIS B 7983 排ガス中の酸素自動計測器」に規定されている計測器に関する次の記述の中から，正しいものを一つ選べ。

1　ジルコニア方式の計測器の校正に用いるゼロガスとしては，高純度の窒素ガスを使用する。

2　ダンベル形の計測器で使用されるダンベルは，酸素に比べて磁化率の非常に大きい材料を棒の両端に付けたものである。

3　磁気風方式の計測器について，干渉影響試験を行う際は，規格に定める試験用ガスに対する指示値と，使用測定段階（レンジ）の最大目盛値との差

を算出する。

4 電気化学式の一方式に，ジルコニア方式がある。

5 計測器の性能試験について，干渉成分の影響に関する項目は含まれない。

［題 意］ JIS B 7983「排ガス中の酸素自動計測器」に規定されている測定原理に関連した基礎知識を問う。

［解 説］ JIS B 7983「排ガス中の酸素自動計測器」の「4. 測定原理」によれば，磁気式は，常磁性体である酸素分子が，磁界内で磁化された際に生じる吸引力を利用して酸素濃度を連続的に求めるもので，磁気風方式と磁気力方式とに分けられる。この方式は，体積磁化率の大きいガス（一酸化窒素）の影響を無視できる場合に適用できる。① 磁気風方式は，磁界内で吸引された酸素分子の一部が加熱されて，磁性を失うことによって生じる磁気風の強さを熱線素子によって検出する。② 磁気力方式は，ダンベル形と圧力検出形に分けられる。(a) ダンベル形は，磁化率の小さい石英などで作られた中空の球体を棒の両端に付けたもので，窒素または空気を封入したダンベルと試料ガス中の酸素との磁化の強さの差によって生じるダンベルの偏位量を検出する（**2** の記述内容は誤りである。）。(b) 圧力検出形は，周期的に断続する磁界内において，酸素分子に働く断続的な吸引力を，磁界内に一定流量で流入する補助ガスの背圧変化量として検出する。

電気化学式は，酸素の電気化学的酸化還元反応を利用して，酸素濃度を連続的に求めるもので，ジルコニア方式と電極方式とに分けられる（**4** の記述内容は正しい。）。① ジルコニア方式は，高温に加熱されたジルコニア素子の両端に電極を設け，その一方に試料ガス，他方に空気を流して酸素濃度差を与えて両極間に生じる起電力を検出する。この方式は，高温において酸素と反応する可燃性ガス（一酸化炭素，メタンなど）またはジルコニア素子を腐食するガス（二酸化硫黄など）の影響を無視できる場合または影響を除去できる場合に適用できる。② 電極方式は，ガス透過性隔膜を通して電解槽中に拡散吸収された酸素が固体電極表面上で還元される際に生じる電解電流を検出する。この方式には，外部から還元電位を与える定電位電解形およびポーラログラフ形とガルバニ電池を構成するガルバニ電池形がある。この方式では，酸化還元反応を起こすガス（二酸化硫黄，二酸化炭素など）の影響を無視できる場合または影響を除去できる場合に適用できる。

「8.4 校正用ガス」によれば，校正用ガスの中でゼロガスは，原則として，JIS K 1107 の 2 級以上のものを用いる。ただし，JIS K 0055 の「3.1 注 (1)」に準拠し，測定値に影響を与えないことが確認された成分を含む他の計測器のスパン校正用ガスを用いてもよい。また，ジルコニア方式では，最大目盛値の 10% 程度の酸素を含む窒素バランスの混合ガスを用いる（**1** の記述内容は誤りである。）。

「7. 性能試験方法」によれば，試験条件の中に，干渉成分の影響が含まれており，ゼロ調整およびスパン調整を行った後，試験用ガスを導入し，その指示値または干渉値を調べる。試験用ガスおよび干渉影響の求め方を**表**に示した。なお，ジルコニア方式の試験は，3 成分混合ガスで行い，他の方式は 2 成分混合ガスで行う（**5** の記述内容は誤りである。）。

表　測定原理と干渉影響試験用ガスおよび影響の求め方

測定原理\項目	磁気風方式	磁気力方式	ジルコニア方式	電極方式
試験用ガス	二酸化炭素 10% の窒素バランス	二酸化炭素 10% の窒素バランス	一酸化炭素 0.1%，酸素 4% の窒素バランス	二酸化炭素 10% の窒素バランス
	一酸化窒素 0.1% の窒素バランス	一酸化窒素 0.1% の窒素バランス		一酸化窒素 0.1% の窒素バランス
影響の求め方	指示値*による	指示値*による	干渉値**による	指示値*による

*：指示値と使用測定段階（レンジ）の最大目盛値との比率を算出する。
**：同じ濃度レベルの酸素ガスの指示値から試験用ガスで示すべき酸素指示値を求め，これと実際指示値とから干渉影響を算出する。

磁気風方式の影響の求め方は，表 1 の記載内容から，指示値と使用測定段階（レンジ）の最大目盛値との<u>比率</u>を算出するので，**3** の記述内容は誤りである。

[正 解]　**4**

---- 問 12 ----

10 mmol/L の塩酸 100 mL に 10 mmol/L の水酸化ナトリウム水溶液を 50 mL 加えたとき，溶液中の水素イオン濃度として最も近い濃度を次の中から一つ選べ。なお，この操作は室温で行い，操作に伴う温度上昇は無視する。

1　1.3 mmol/L

2　2.3 mmol/L

3　3.3 mmol/L

4　4.3 mmol/L

5　5.0 mmol/L

(題 意)　塩酸と水酸化ナトリウムの混合後の水素イオン濃度を求める基礎的な計算問題である。

(解 説)　塩酸の溶液に含まれた水素イオンは，水酸化ナトリウムの溶液に含まれたヒドロキシイオン（水酸化物イオン）で中和されて水に変化し，残った水素イオンが溶液全体の水素イオン濃度になる。よって，次式よりその量を求める。

塩酸の水素イオンの濃度：$10\,\text{mmol/L} \times \dfrac{100\,\text{mL}}{1\,000\,\text{mL}}$

水酸化ナトリウムの水酸化物イオンの濃度：$10\,\text{mmol/L} \times \dfrac{50\,\text{mL}}{1\,000\,\text{mL}}$

残った水素イオンの絶対量：$10\,\text{mmol/L} \times \dfrac{100\,\text{mL}}{1\,000\,\text{mL}} - 10\,\text{mmol/L} \times \dfrac{50\,\text{mL}}{1\,000\,\text{mL}}$

$$= 0.5\,\text{mmol}$$

∴　水素イオンの濃度：$\dfrac{0.5\,\text{mmoL}}{(100 + 50)\,\text{mL}} \times 1\,000\,\text{mL} = 3.33\,\text{mmol/L}$

よって，**3** の値が最も近い。

(正 解)　**3**

------ **(問) 13** ------

「JIS K 0095 排ガス試料採取方法」に規定されている煙道排ガスの連続採取に関する次の記述の中から，誤っているものを一つ選べ。

1　採取管の内径は，試料ガスの流量，採取管の機械的強度などを考慮して決める。

2　ろ過材は，試料ガス中のダストなどが混入するのを防ぐために装着する。

3　除湿器は，試料ガス中の水分を一定値以下に除湿するために設ける。

4　気液分離器は，冷却除湿などで凝縮した水を試料ガスから分離するために用いる。

5　安全トラップは，高温の排出ガスによる計測器の破損を防止するために

用いる。

［題　意］　JIS K 0095「排ガス試料採取方法」に規定されている煙道排ガスの連続採取について基礎知識を問う。

［解　説］　JIS K 0095「排ガス試料採取方法」の「6.3 採取管」によれば，採取管の内径は，試料ガスの流量，採取管の機械的強度および清掃のしやすさなどを考慮し，6 ～ 25 mm 程度のものを用いる（**1** の記述内容は正しい。）。

「6.4 一次ろ過材」によれば，一次ろ過材は，試料ガス中にダストなどが混入するのを防ぐため，必要に応じて採取管の先端または後段に装着する（**2** の記述内容は正しい。）。

「6.9 前処理部」によれば，連続分析のための前処理部は，除湿器，気液分離器，安全トラップなどからなる。除湿器は，計測器内部に試料ガス中の水分が凝縮しない程度に除湿を行うもので，除湿方式は自然空冷式，強制空冷式，水冷式，電子冷却式及び半透膜気相除湿方式とする。試料ガス中の水分が凝縮しない程度とは，水分の濃度を一定値以下にすることと同じ意味と解されるので，**3** の記述内容は正しい。気液分離器は，冷却除湿を行うとき，凝縮水を試料ガスから速やかに分離させるためのもので，除湿器の後段に接続し，気液分離管および凝縮水トラップからなる（**4** の記述内容は正しい。）。安全トラップは，凝縮水トラップ中の水が計測器内部の配管への流入を防ぐため，必要に応じて凝縮水トラップの排出管に安全トラップを接続する。高温の排出ガスは混入しないので，**5** の記載内容は誤りである。

［正　解］　**5**

［問］14

「JIS B 7985 排出ガス中のメタン自動計測器」に関する次の記述の中から，正しいものを一つ選べ。

1　赤外線吸収方式の計測器は，共存する二酸化炭素の影響を受けない。

2　試料採取部の導管は，メタンを濃縮するために冷却を行わなければならない。

3　選択燃焼管は，メタンを選択的に燃焼除去するために使用する。

4 選択燃焼式水素炎イオン化検出方式では，分析計に導入する助燃ガスとして合成空気を使用することができる。

5 計測器のゼロ調整は，電源投入直後にゼロガスを導入して素早く行う。

────────────────────────────────

[題　意] JIS B 7985「排出ガス中のメタン自動計測器」に規定されている内容について基礎知識を問う。

[解　説] JIS B 7985「排出ガス中のメタン自動計測器」の「4. 計測器の種類及び測定範囲」によれば，メタンを測定対象物質とする計測器の種類および適用条件は以下のとおりである。

① 赤外線吸収方式：<u>共存する二酸化炭素の影響を無視できる場合，または影響を除去できる場合に適用する。</u>② 選択燃焼式水素炎イオン化検出方式：共存する非メタン炭化水素の影響を無視できる場合，または影響を除去できる場合に適用する。よって，**1** の記述内容は誤りである。

「6.3 試料採取部」によれば，導管は，排ガスを一次フィルタから試料導入口に導入する管で，一般に四ふっ化エチレン樹脂製のものを用いる。水分が吸引経路の途中で凝縮することを防止するため，<u>必要に応じて加熱する。</u>よって，**2** の記述内容は誤りである。

「6.4.1 赤外線ガス分析計」によれば，選択燃焼管は，試料ガス中の非メタン炭化水素を燃焼除去し，干渉成分の影響を低減させるための前処理装置で，メタンと非メタン炭化水素との触媒による燃焼効率の差を利用し，<u>非メタン炭化水素を選択的に除去できるもの</u>を用いる。共存する非メタン炭化水素の影響が無視できる場合は，付加しなくてもよい。よって，**3** の記述内容は誤りである。

「6.4.5 選択燃焼式水素炎イオン化検出方式による分析計」によれば，助燃ガスは，除湿器もしくは空気精製器で精製した空気，または容器詰め精製空気もしくは<u>合成空気</u>などを用いる。よって，**4** の記述内容は正しい。

「7.3 校正」によれば，計測器の校正は暖機終了後，所定のゼロガスおよびスパンガスを用いて，つぎの方法で行う。a) ゼロ調整は，ゼロガスを設定流量で計測器に導入し，指示が安定した時点でゼロ調整を行う。b) スパン調整は，スパンガスを設定流量で計測器に導入し，<u>指示が安定した時点でスパン調整を行う。</u>c) 必要に応じて a) および b) の調整を繰り返し，ゼロおよびスパンのそれぞれが合うまで行う。よって，**5**

の記述内容は誤りである。

[正 解] 4

-------- **[問]** 15 --------

「JIS K 0055 ガス分析装置校正方法通則」に規定されているガス分析装置の設置，配管，接続に関する次の記述の中から，誤っているものを一つ選べ。

1 分析装置は，振動，電源電圧変動，温度変動などの影響のない環境に設置する。

2 校正用ガスを分析装置に導入するための配管接続は，できる限り短く，定められた導入口に接続する。

3 配管の材質には，吸着性，反応性及び透過性が大きいものを用いる。

4 高圧ガス容器に充てんされた校正用ガスを使用する際には，圧力調整機構をもつ調整器を使用する。

5 圧力調整器のダイアフラムの材質は，吸着性，反応性の小さいものを使用する。

[題 意] JIS K 0055「ガス分析装置校正方法通則」に規定されているガス分析装置の設置，配管，接続について基礎知識を問う。

[解 説] JIS K 0055「ガス分析装置校正方法通則」の「5.1.2 分析装置の設置，配管及び接続」によれば，分析装置は，隣接区域からのコンタミネーション，振動，電源電圧変動，温度変動などの影響のない環境に設置する（1 の記述内容は正しい。）。また，校正用ガスを分析装置に導入するための配管接続は，できる限り短く，かつ，遊び空間ができないように，定められた導入口に接続する（2 の記述内容は正しい。）。さらに，配管の材質には，吸着性，反応性および透過性が<u>小さいものか，無視できるもの</u>（例えば，ステンレス鋼，四ふっ化エチレン樹脂など）を用いる（3 の記述内容は誤りである。）。なお，高圧ガス容器に充てんされた校正用ガスを使用する際には，圧力調整機構をもつ調整器を使用し，そのダイアフラムの材質は，吸着性，反応性の小さいものか，無視できるもの（金属製のものが望ましい。）を使用する（4 および 5 の記述内容は正しい。）。圧力調整を必要としない場合は，ニードル弁などでもよい。ガス

クロマトグラフ質量分析装置などの高純度キャリヤーガスを用いるガス分析装置は，高圧ガス容器を交換する際の大気の混入を防ぐため，大気遮断弁，配管内のパージ機能および流路切替えなどを十分考慮した配管とする必要がある（備考）。

［正 解］ 3

----- **［問］16** -----

「JIS K 0088 排ガス中のベンゼン分析方法」に規定されている分析法において，使用されない器具又は装置を次の中から一つ選べ。

1 ガスクロマトグラフ

2 吸収セル

3 ガスメータ

4 捕集バッグ

5 フーリエ変換形赤外線分析計

［題 意］ JIS K 0088「排ガス中のベンゼン分析方法」に規定されている分析方法に関連する内容について基礎知識を問う。

［解 説］ JIS K 0088「排ガス中のベンゼン分析方法」の「3. 分析方法の種類及び概要」によれば，分析方法の種類および概要は，つぎのとおりである。① ガスクロマトグラフ法は，試料ガスを直接，または常温吸着濃縮した後，水素炎イオン化検出器付ガスクロマトグラフに導入してクロマトグラムを記録する。試料採取は，捕集バッグ法を用い，標準採取量を 1 L とする。濃縮法は，標準採取量を 200 mL とする。② ジニトロベンゼン吸光光度法分析方法は，試料ガスを硝酸アンモニウム－硫酸に通して，ベンゼンをニトロ化した後，中和し，2-ブタノンで抽出する。アルカリを加えて発色させ，吸光度（560 nm）を測定する。試料採取は，吸収瓶法を用い，吸収液にニトロ化酸液を液量 10 mL 用いて，標準採取量を 10 L とする。

「4.2.2 器具及び装置」によれば，試料ガス採取装置は，ろ過材，採取管，保温材，温度計，ヒーター，洗浄瓶，乾燥管，吸引ポンプ，湿式ガスメータなどで構成される。「6.2 ジニトロベンゼン吸光光度法」の「6.2.3 定量操作」によれば，吸収セルに抽出液の上層（2-ブタノン層）の一部を移し，波長 560 nm 付近の吸光度を測定する。

よって，分析法には，フーリエ変換型赤外線分析計は使用されないので，**5**が該当する。

〔正解〕5

---------- 問 **17** ----------

「JIS K 0101 工業用水試験方法」又は「JIS K 0102 工場排水試験方法」に規定されている水質項目の測定方法に関する次の記述の中から，誤っているものを一つ選べ。

1 透視度は，試料の透明の程度を示すもので，透視度計に試料を入れて上部から透視して測定される。

2 散乱光濁度は，水の濁りの程度を表すもので，試料中の粒子によって散乱した光の強度を波長 660 nm 付近で測定して求められる。

3 電気伝導率は，溶液がもつ電気抵抗率の逆数に相当し，電気伝導度計を用いて測定される。

4 臭気強度（TON）は，臭気の強さを，ヘッドスペース−ガスクロマトグラフィー質量分析法で測定して求められる。

5 生物化学的酸素消費量（BOD）は，水中の好気性微生物によって消費される溶存酸素の量を測定して求められる。

〔題意〕 JIS K 0101「工業用水試験方法」または JIS K 0102「工場排水試験方法」に規定されている水質項目の測定方法について基礎知識を問う。

〔解説〕 JIS K 0102「工場排水試験方法」の「9. 透視度」によれば，透視度は，試料の透明の程度を示すもので，透視度計に試料を入れて上部から透視し，底部に置いた標識板の二重十字が初めて明らかに識別できるときの水層の高さをはかり，10 mm を 1 度として表す。よって，**1** の記述内容は正しい。

「10. 臭気及び臭気強度（TON）」によれば，臭気の試験は，臭気と臭気強度（TON）とに区分する。臭気強度（TON）は，臭気の強さを表すもので，約 40 ℃ に保った水に試料を加え，明らかに臭気を感じるときの希釈の倍数値［臭気閾値の希釈倍数］で表す。嗅覚の個人差を少なくするため，同一試料について少なくとも 5 人，できれば 10 人程

度で試験する。よって，**4** の記述内容は誤りである。

「21. 生物化学的酸素消費量（BOD）」によれば，生物化学的酸素消費量とは，水中の好気性微生物によって消費される溶存酸素の量をいう。試料を希釈水で希釈し，20℃で 5 日間放置したとき消費された溶存酸素の量（0 mg／mL）から求める。よって，**5** の記述内容は正しい。

JIS K 0101「工業用水試験方法」の「9. 濁度」によれば，濁度は，水の濁りの程度を表すもので，視覚濁度，透過光濁度，散乱光濁度および積分球濁度に区分し表示する。その中で，散乱光濁度は，試料中の粒子によって散乱した光の強度を波長 660 nm 付近で測定し，カオリン標準液またはホルマジン標準液を用いて作成した検量線から求める（9.3 散乱光濁度）。よって，**2** の記述内容は正しい。

「12. 電気伝導率」によれば，電気伝導率は，溶液がもつ電気抵抗率（Ω·m）の逆数に相当し，S／m の単位で表す。また，電気伝導度は，溶液がもつ電気抵抗（Ω）の逆数に相当し，S の単位で表す。水の試験では，温度 25℃の値を用い S／m および S の千分の一を単位とし，それぞれ mS／m および mS で表す。試料の電気伝導率が 1 mS／m（25℃）以下の測定の場合には，JIS K 0552 を適用する。器具および装置は，電気伝導度計及び温度計（JIS B 7411 に規定する一般用ガラス製棒状温度計の 50 度温度計）である。よって，**3** の記述内容は正しい。

〔正 解〕 **4**

─── 問 18 ───────────────────────────────

0.10 g の硫酸銅（Ⅱ）五水和物を水に溶解し，全量を 1.0 L にした。その水溶液に塩化バリウム水溶液を少しずつ加えていった。硫酸バリウムが析出し始めるときの溶液中のバリウムイオンの濃度として，最も近い濃度を次の中から一つ選べ。ただし，この操作において硫酸バリウムの溶解度積（K_{sp}）は一定であり，K_{sp} は 1.1×10^{-10}（mol／L）^{2} とする。また，水素，酸素，硫黄，銅の原子量はそれぞれ 1.0，16.0，32.1，63.5 とする。なお，添加する塩化バリウム水溶液の体積は十分に小さく，溶液の全体積は 1.0 L から変化しないとみなせるものとする。

1 8.8×10^{-8} mol／L

2 1.4×10^{-7} mol/L

3 1.8×10^{-7} mol/L

4 2.7×10^{-7} mol/L

5 3.5×10^{-7} mol/L

〔題 意〕 硫酸バリウムの溶解度積に関する基礎的な計算問題である。

〔解 説〕 硫酸バリウムの結晶化の反応式は式 (1) で表される。硫酸バリウムの沈殿は溶解度積 K_{sp}（式 (2) 参照）を超えたときに沈殿が析出されるので，そのときのバリウムのイオンの濃度を x〔mol/L〕として，溶解度積の式に当てはめて求めることができる（式 (3) 参照）。

溶解度積：$Ba^{2+} + SO_4^{2-} \ \rightleftarrows \ BaSO_4\downarrow$ $\qquad\qquad$ (1)

$K_{sp} = (Ba^{2+}) \cdot (SO_4^{2-}) = 1.1 \times 10^{-10} \cdots\cdots$ $\qquad\qquad$ (2)

硫酸銅中の硫酸イオンの濃度：

$$0.1\,\mathrm{g} \times \frac{SO_4^{2-}}{CuSO_4 \cdot 5H_2O} \times \frac{1}{m_{SO_4^{2-}}}$$

$$= 0.1 \times \frac{1}{63.5 + 32.1 + 16.0 \cdot 4 + 5(1 \cdot 2 + 16.0)}$$

$$= 4.006 \times 10^{-4}\,\mathrm{mol/L}$$

ここで，$m_{SO_4^{2-}}$ は，硫酸イオンのモル質量である。硫酸イオンの濃度を溶解度積に当てはめると

$\therefore\quad 4.006 \times 10^{-4} \times x\,\text{〔mol/L〕} = 1.1 \times 10^{-10}$

$x = 2.746 \times 10^{-7}\,\mathrm{mol/L}$

よって，**4** の濃度の値が最も近い。

〔正 解〕 4

---- **〔問〕19** ----

「JIS K 0126 流れ分析通則」に規定されている連続流れ分析に関する次の記述の（ア）～（ウ）に入る語句の組合せとして，正しいものを一つ選べ。

一定流量で細管内を流れている試薬などを ［ (ア) ］ で分節し，分節で生じたセグメントに試料を導入する。セグメント内での ［ (イ) ］ によって分析対象成分と

試薬との反応を促進し，下流に設けた検出器で □(ウ)□ を検出して定量する方法である。

	（ア）	（イ）	（ウ）
1	気体	混合	反応生成物
2	有機溶媒	混合	抽出成分
3	気体	抽出分離	抽出成分
4	有機溶媒	抽出分離	反応生成物
5	気体	抽出分離	反応生成物

【題意】 JIS K 0126「流れ分析通則」に規定されている連続流れ分析について基礎知識を問う。

【解説】 JIS K 0126「流れ分析通則」の「5 連続流れ分析」によれば，連続流れ分析の概要は，一定流量で細管内を流れている試薬などを (ア)気体で分節し，分節で生じたセグメントに試料を導入する。セグメント内での (イ)混合によって分析対象成分と試薬との反応を促進し，下流に設けた検出器で (ウ)反応生成物を検出して定量する方法である。なお，試料の流れに試薬を導入する場合もある。

よって，**1** の語句の組合せが該当する。

【正解】 **1**

----- 問 20 -----

「JIS K 0102 工場排水試験方法」に基づく工場排水中のふっ素化合物の定量法として，規定されていないものを次の中から一つ選べ。

1　ランタン－アリザリンコンプレキソン吸光光度法

2　イオン電極法

3　イオンクロマトグラフ法

4　ランタン－アリザリンコンプレキソン発色流れ分析法

5　ICP 質量分析法

【題意】 JIS K 0102「工場排水試験方法」に規定されているふっ素化合物の定量法

について基礎知識を問う。

［解 説］ JIS K 0102「工場排水試験方法」の「34. ふっ素化合物」によれば，ふっ素化合物は，ふっ化物イオン，金属ふっ化物などの総称であり，ふっ化物イオンとして表す。ふっ化物イオンの定量には，ランタン－アリザリンコンプレキソン吸光光度法，イオン電極法，イオンクロマトグラフ法またはランタン－アリザリンコンプレキソン発色による流れ分析法を適用する。よって，ICP質量分析法は規定されていないので，**5**の記述内容が該当する。

なお，ふっ素はイオン化エネルギー（第一イオン化ポテンシャルは17.423 eV）がArの15.76 eVよりも高いため，陽イオンがほぼ形成されないことからICP－MSでは検出が困難な元素の一つである。しかし，ICPプラズマ中でふっ素が金属－ふっ素イオンを生成する化学反応を利用して，ふっ素を間接的に検出することが報告されている。プラズマ内でF$^-$とBa^{2+}が結合し，強力な陽イオンBaF$^+$を生成させる。これはトリプル四重極ICP－MSにより検出するもので，リアクションセルでO$_2$リアクションガスと反応させることで，プラズマ内で生成するBaF$^+$と同じ質量のBa(^{18}OH)$^+$による干渉を抑制できる。この方法により，淡水中の低濃度（ppb）のポリフルオロアルキル化合物およびパーフルオロアルキル化合物の定量をすることができる。

［正 解］ 5

---- **［問］21** ----

「JIS K 0102 工場排水試験方法」に規定されているイオンクロマトグラフ法による塩化物イオンの分析に関する次の記述の中から，誤っているものを一つ選べ。

1 分離カラムの性能が低下した場合，溶離液の約10倍の濃度のものを調整し，分離カラムに注入して洗浄することで，分離度が改善する場合がある。

2 懸濁物を含む試料は，十分に振り混ぜて均一にした後，ろ過することなく分析する必要がある。

3 サプレッサーは溶離液中の陽イオンを水素イオンに交換するためのもので，陽イオン交換膜又は陽イオン交換体を使用している。

4 モノカルボン酸，ジカルボン酸などの有機酸による妨害を受けることが

ある。

5 紫外吸収検出器は，塩化物イオンの個別測定には使用できない。

───────────────────────────────────────

【題 意】 JIS K 0102「工場排水試験方法」に規定されているイオンクロマトグラフ法による塩化物イオンの分析について基礎知識を問う。

【解 説】 JIS K 0102「工場排水試験方法」の「35. 塩化物イオン（Cl−）」によれば，塩化物イオンの定量には，硝酸銀滴定法，イオン電極法またはイオンクロマトグラフ法を適用する。この中で，イオンクロマトグラフ法は，試料中の塩化物イオンをイオンクロマトグラフ法によって定量する。この方法によって，ふっ化物イオン，亜硝酸イオン，硝酸イオン，りん酸イオン，臭化物イオンおよび硫酸イオンも同時にまたは単独に定量できる。ただし，亜硝酸イオン，硝酸イオン，りん酸イオンまたは臭化物イオンを定量する場合には，試料採取後，保存処理を行わず，試験は直ちに行う。直ちに行えない場合には，0〜10℃の暗所に保存し，できるだけ早く試験する。

「b) 器具及び装置」によれば，イオンクロマトグラフには，分離カラムとサプレッサーとを組み合わせた方式のもの，分離カラム単独の方式のものいずれでもよい。サプレッサーは，溶離液中の陽イオンを水素イオンに変換するためのもので，溶離液中の陽イオンの濃度に対して十分なイオン交換容量をもつ陽イオン交換膜（膜形および電気透析形がある。）または同様な性能をもった陽イオン交換体を充塡したものである。再生液と組み合わせて用いる。ただし，電気透析形の場合は，再生液として検出器からの流出液（検出器から排出される溶液）を用いる。よって，**3** の記述内容は正しい。

分離カラムは，イオンクロマトグラフの性能として分離度 R が 1.3 以上なければならないが，使用を続けると性能が低下するので，定期的に確認する。性能が低下した場合，溶離液の約 10 倍の濃度のものを調製し，分離カラムに注入して洗浄した後，分離度の確認操作で確認し，性能が回復しない場合には，新品と取り替える。よって，**1** の記述内容は正しい。

妨害物質について，モノカルボン酸，ジカルボン酸などの有機酸は，無機陰イオンの定量を妨害することがある。よって，**4** の記述内容は正しい。

検出器は，電気伝導率検出器または紫外吸収検出器を用いるが，紫外吸収検出器は，亜硝酸イオン，硝酸イオンおよび臭化物イオンの個別または同時測定において用いる。

よって，**5** の記述内容は正しい。

　試料中の懸濁物，有機物（たん白質，油類，界面活性剤など）などによって汚染され性能が徐々に低下するので，懸濁物を含む試料はろ過で除去した後に試験する。また，有機物を含む試料は限外ろ過膜でろ過し，有機物をできるだけ除去した後，試験する。よって，**2** の記述内容は誤りである。

〔正 解〕 2

---- **問 22** ----

　次の記述は，「JIS K 0102 工場排水試験方法」に規定されている残留塩素の定義について記したものである。（ア）〜（ウ）に入る語句の組合せとして，正しいものを一つ選べ。

　残留塩素とは，塩素剤が水に溶けて生成する ┃ （ア） ┃ 及びこれがアンモニアと結合して生じるクロロアミンをいい，前者を ┃ （イ） ┃，後者は ┃ （ウ） ┃，両者を合わせて残留塩素という。

	（ア）	（イ）	（ウ）
1	次亜塩素酸	遊離残留塩素	結合残留塩素
2	塩化物イオン	結合残留塩素	遊離残留塩素
3	塩化物イオン	遊離残留塩素	結合残留塩素
4	過塩素酸	結合残留塩素	遊離残留塩素
5	過塩素酸	遊離残留塩素	結合残留塩素

〔題 意〕 JIS K 0102「工場排水試験方法」に規定されている残留塩素の定義について基礎知識を問う。

〔解 説〕 JIS K 0102「工場排水試験方法」の「33. 残留塩素」によれば，残留塩素とは，塩素剤が水に溶けて生成する (ア) 次亜塩素酸およびこれがアンモニアと結合して生じるクロロアミンをいい，前者を (イ) 遊離残留塩素，後者を (ウ) 結合残留塩素，両者を合わせて残留塩素という。

　よって，**1** の語句の組合せが該当する。

〔正 解〕 1

------ 問 23 ------

質量分析計のイオン化法とその説明に関する次の記述の中から，誤っているものを一つ選べ。

1 電子イオン化 (EI) 法は，大気圧下でフィラメントから放出された電子を分析種に照射しイオン化させる方法である。

2 化学イオン化 (CI) 法は，イオン化室に試薬ガスを導入し，試薬ガス由来の反応イオンを生成させ，イオン–分子反応によって分析種をイオン化させる方法である。

3 誘導結合プラズマ (ICP) イオン化法は，高周波誘導コイルで囲われたトーチ内で発生した高温の誘導結合プラズマにより，目的元素をイオン化させる方法である。

4 エレクトロスプレーイオン化 (ESI) 法は，試料溶液を高電圧が印加されたキャピラリーチューブを通して噴霧し，溶媒を帰化させることによりイオン化させる方法である。

5 大気圧化学イオン化 (APCI) 法は，試料溶液がイオン化部でコロナ放電によって生じる溶媒イオンと試料分子がイオン–分子反応を起こしイオン化させる方法である。

（**題 意**） 質量分析計のイオン化法の種類および原理について基礎知識を問う。

（**解 説**） 質量分析計のイオン化に関係する規格は，JIS K 0123「ガスクロマトグラフィー質量分析通則」，JIS K 0136「高速液体クロマトグラフィー質量分析通則」およびJIS K 0133「高周波プラズマ質量分析通則」に規定されている。

JIS K 0123「ガスクロマトグラフィー質量分析通則」の「5.4 質量分析計」によれば，質量分析計は，ガスクロマトグラフによって分離された分析種をイオン化し，m/z に応じて分離した後，これを検出する部分で，つぎのイオン化部，アナライザー（質量分離部），検出部，真空排気部および校正用標準試料導入部からなる。イオン化部は，ガスクロマトグラフのカラムから溶出した分析種をイオン化し，アナライザーに導く部分である。

イオン化法には，電子イオン化 (EI) 法，化学イオン化 (CI) 法，およびその他の方

法がある。化学イオン化法には，正イオン化学イオン化法（PICI）と負イオン化学イオ
ン化法（NICI）がある。

① 電子イオン化（EI）法：　真空下でフィラメントから放出された数 10 eV 以上の
エネルギーをもつ電子をイオン化室内の気体状の分析種に照射し，その運動エネルギー
の一部を電子エネルギーの形で付与してイオン化する方法である。よって，イオン化
室内は大気圧下ではないので，**1** の記述内容は誤りである。

② 正イオン化学イオン化（PICI）法：　イオン化室に高純度メタンなどの試薬ガス
を 100 Pa 程度の圧力となるように導入し，電子などを照射して試薬ガス由来の反応イ
オン（例えば，メタンの場合，CH_5^+，$C_2H_5^+$ など）を生成させる。つぎに，これらの
反応イオンと分析種との間のイオン–分子反応によって分析種をイオン化する。

③ 負イオン化学イオン化（NICI）法：　イオン化室をメタンなどの試薬ガスで満た
すことは PICI 法と同じであるが，イオン化の機構は，反応イオン形と電子捕獲形との
2 種類に大別される。前者は，試薬ガスから生じた反応イオン（OH^-，CH_3O^-，Cl^-
など）または系内に存在する水から生じた反応イオン（OH^- など）と分析種との間の
イオン–分子反応によってイオン化する。よって，**2** の記述内容は正しい。

JIS K 0133「高周波プラズマ質量分析通則」の「3.3 イオン化部」によれば，測定対象
元素をイオン化するための高エネルギー源である高周波プラズマおよび高周波プラズ
マに電気エネルギーを供給するための電源から構成する部分であって，導入した試料
は，大気圧下のプラズマで加熱分解され，試料中の測定対象元素はイオン化される。
誘導結合プラズマ（ICP）は，高周波誘導コイルで囲った石英製のトーチ内で生成する。
トーチは三重管から成り，中心管（インジェクター）は石英のほかにアルミナ，サファ
イア，白金製などもある。インジェクターからキャリヤーガスとともに試料を導入す
る。プラズマを形成するガスにはアルゴンを用いるが，窒素，ヘリウム，酸素または
これらのガスとアルゴンとの混合ガスを用いることもある。よって，**3** の記述内容は
正しい。

JIS K 0136「高速液体クロマトグラフィー質量分析通則」の「5.3.2 インターフェイス・
イオン化部」によれば，イオン化は，大気圧イオン化（API）法によって大気圧下で行
い，つぎのいずれかの方法とする。a) エレクトロスプレーイオン化（ESI）法は，エレ
クトロスプレー（electrospray）の技術を使ったイオン化法であり，カラムからの溶出
液などを，数 kV の高電圧が印加されたキャピラリーチューブに通し，噴霧するとキャ

ピラリー先端に円すい状の液体コーン（テイラーコーン）が形成される。テイラーコーン内の高電界のために正・負イオンの分離が起こり，テイラーコーン先端より高度に帯電した液滴が生成することによって，試料溶液は荷電した霧状の液滴となる。試料溶液は，溶出液の蒸発を促進する目的でネブライザーガス（通常，窒素）とともに噴霧される。溶媒の気化に起因する液滴の体積収縮に伴って液滴の電荷密度が増大し，電荷密度がレイリー極限を超えると液滴が自発的に分裂する。液滴がさらに小さくなると，ついには帯電液滴からイオンの蒸発が起こり，気相イオンが大気圧下で生成する。生成したイオンを，イオン輸送部を経由して質量分離部へ導く。よって，**4** の記述内容は正しい。

大気圧化学イオン化（APCI）法は，コロナ放電によって大気圧で行われるイオン化法であり，化学イオン化法の一種である。まず，イオン化部に導入された溶液がヒーターおよび乾燥ガスの加熱によって気化された後，コロナ放電によって生じる溶媒イオンと試料分子とがイオン分子反応を起こして試料分子がイオン化される。この方法は，気化した移動相溶媒を試薬ガスとする化学イオン化（CI）法で，プロトン及び電子の移動によるソフトなイオン化が行われる。APCI 法では，ESI 法と比較して分子量が小さく（通常，2 000 以下），移動相溶液中において電離し難い低極性成分がイオン化されやすい。APCI 法は，気相での化学イオン化反応によるイオン生成法であるので，イオン化に関しては移動相の種類による影響は ESI 法に比べて小さく，夾雑成分による分析種のイオン化抑制およびイオン化促進（以下，両者を併せて，マトリックス効果という。）が起こりにくい。一般的に用いられる移動相は，メタノール，アセトニトリル，水などである。有機溶媒 100 ％，または水 100 ％を移動相として使用することも可能である。よって，**5** の記述内容は正しい。

〔正 解〕 1

-------- **問 24** --------

「JIS K 0125 用水・排水中の揮発性有機化合物試験方法」に規定されている，電子捕獲検出器（ECD）を用いたヘッドスペース－ガスクロマトグラフ法の測定対象物質として，誤っているものを一つ選べ。

1　四塩化炭素

2　ベンゼン

3　クロロホルム

4　トリクロロエチレン

5　ジクロロメタン

【**題　意**】　JIS K 0125「用水・排水中の揮発性有機化合物試験方法」に規定されている分析法の一つである電子捕獲検出器（ECD）を用いたヘッドスペース－ガスクロマトグラフ法ついて基礎知識を問う。

【**解　説**】　JIS K 0125「用水・排水中の揮発性有機化合物試験方法」の「5 試験方法」によれば，この試験には，パージ・トラップ－ガスクロマトグラフ質量分析法，ヘッドスペース－ガスクロマトグラフ質量分析法，パージ・トラップ－ガスクロマトグラフ法，ヘッドスペース－ガスクロマトグラフ法，溶媒抽出・ガスクロマトグラフ法，活性炭抽出・ガスクロマトグラフ質量分析法および溶媒抽出・誘導体化・ガスクロマトグラフ質量分析法を適用する。

「5.4.1 電子捕獲検出器（ECD）を用いたヘッドスペース－ガスクロマトグラフ法」によれば，この試験方法では，バイアルに試料および塩化ナトリウムを空間が残るようにとり，一定温度で気液平衡状態とし，その気相の一定量をガスクロマトグラフに導入する。検出器に電子捕獲検出器（ECD）を用いた方法で測定し，揮発性有機化合物の濃度を求める。この方法による測定対象物質を**表**に示す（計 18 成分）。

表　電子捕獲検出器（ECD）によるヘッドスペース－ガスクロマトグラフ法の測定対象物質

測定対象物質		
ジブロモクロロメタン（$CHBr_2Cl$）	テトラクロロエチレン（$CCl_2 = CCl_2$）	1,2-ジクロロプロパン（$CH_3CHClCH_2Cl$）
四塩化炭素（CCl_4）	トリクロロエチレン（$CHCl = CCl_2$）	*cis*-1,3-ジクロロ-1-プロペン（*cis*-$ClCH = CHCH_2Cl$）
クロロホルム（$CHCl_3$）	ジクロロメタン（CH_2Cl_2）	*trans*-1,3-ジクロロ-1-プロペン（*trans*-$ClCH = CHCH_2Cl$）
ブロモホルム（$CHBr_3$）	1,2-ジクロロエタン（CH_2ClCH_2Cl）	*p*-ジクロロベンゼン（*p*-$C_6H_4Cl_2$）
ブロモジクロロメタン（$CHBrCl_2$）	1,1,2-トリクロロエタン（$CHCl_2CH_2Cl$）	*cis*-1,2-ジクロロエチレン（*cis*-$CHCl = CHCl$）
1,1,1-トリクロロエタン（CH_3CCl_3）	1,1-ジクロロエチレン（$CCl_2 = CH_2$）	*trans*-1,2-ジクロロエチレン（*trans*-$CHCl = CHCl$）

この表からわかるように，ベンゼンは入っていないので，**2** の成分が該当する。

［正 解］ 2

-------- **［問］25** --

「JIS B 7954 大気中の浮遊粒子状物質自動計測器」に関する次の記述の中から，正しいものを一つ選べ。

1 ベータ線吸収方式では，粒子をテープ状ろ紙上に捕集し，捕集前後のろ紙の吸収量及び反射量の変化から相対濃度を求める。

2 圧電天びん方式では，粒子を静電的に水晶振動子上に捕集し，質量の増加に伴う水晶振動子の振動数の変化量から質量濃度を求める。

3 フィルタ振動方式では，ろ紙上に捕集した粒子によるベータ線の吸収量の増加から質量濃度を求める。

4 光散乱方式では，ろ紙上に捕集した粒子による円すい状振動子の振動数の低下から質量濃度を求める。

5 吸光方式では，粒子による散乱光量から相対濃度を求める。

［題 意］ JIS B 7954「大気中の浮遊粒子状物質自動計測器」に規定されている内容について基礎知識を問う。

［解 説］ 浮遊粒子状物質とは，大気中に浮遊する粉じん（ここでは，ダスト，ヒューム，ミストを含む。）のことである。なお，環境基本法に基づく大気の汚染に係る環境基準に関する浮遊粒子状物質とは，大気中に浮遊する粒子状物質で，その粒径が 10 μm 以下のものをいう（3. 定義 a)）。

ベータ線吸収方式は，ろ紙上に捕集した粒子による<u>ベータ線の吸収量の増加から質量濃度としての指示値を得る</u>ものである（5.2.1 ベータ線吸収方式）。よって，**1** の記述内容は誤りである。

圧電天びん方式は，粒子を静電的に水晶振動子上に捕集し，質量の増加に伴う水晶振動子の振動数の変化量から質量濃度を求めるものである（5.2.2 圧電天びん方式）。よって，**2** の記述内容は正しい。

フィルタ振動方式は，ろ紙上に捕集した粒子による<u>円すい状振動子の振動数の低下</u>

から質量濃度としての指示を得るものである（5.2.4 フィルタ振動方式）。よって，**3**の記述内容は誤りである。

　光散乱方式は，粒子による散乱光量から相対濃度としての指示値を得るものである（5.2.3 光散乱方式）。よって，**4**の記述内容は誤りである。

　吸収方式は，大気中の浮遊粒子状物質をテープ状ろ紙の上に捕集し，捕集前後のろ紙の吸光量，反射量の変化をタングステンランプなどを光源とし，検出器（光電管，半導体光電変換素子など）によって光電変換し，相対濃度としての指示値を得る。この測定法は，粒子の色・形状によって吸光量が異なるため，測定場所にて標準測定法による相対質量濃度の補正が必要である。よって，**5**の記述内容は誤りである。

　なお，この附属書3（参考）に記載された吸収方式は，吸光方式計測器に関する事柄を記載するもので，規定の一部ではない。

［正 解］ **2**

2.3 第73回（令和4年12月実施）

---- 問 1 ----

イオン電極を用いたイオン濃度の測定装置の構成要素と成り得るものとして，「JIS K 0122 イオン電極測定方法通則」に規定されていないものを一つ選べ。

1 電位差計

2 高周波電源

3 比較電極

4 温度計

5 ポンプ

題 意　JIS K 0122「イオン電極測定方法通則」に規定されている測定装置の構成要素についての問題である。

解 説　JIS K 0122「イオン電極測定方法通則」の「5. 装置」によると，電圧増幅器と表示部を備えた高入力抵抗の直流電位差計，イオン濃度計などによって水溶液中のイオン濃度をイオン電極とその対極に比較電極を用いて測定する。測定装置は，一例としてバッチ形およびフロー形がある。バッチ形の構成は，電位差計またはイオン濃度計，イオン電極，比較電極（二重波絡形），温度計，かくはん器，試料容器，電極スタンドなどからなる。フロー形の構成は，表示部，プリンタ，信号増幅部（A/D 変換部を含む），制御部（信号処理装置を含む），イオン電極 A，イオン電極 B，比較電極，吸引ノズル，ポンプ，廃液タンクなどからなる。

よって，**2** の高周波電源はバッチ形およびフロー形のいずれにも含まれないので，これが該当する。

正 解　2

---- 問 2 ----

成分 A を含む試薬を溶媒 1.00 kg に溶解して，成分 A の濃度が 1.00 mg/L の標準液を調製するとき，量り取るべき試薬の質量 (mg) としてもっとも近い値を次の中から一つ選べ。ただし，その試薬に含まれる成分 A の質量分率は 95.0

％であり，調製した標準液の密度は 0.950 g/mL とする。なお，溶媒には成分 A が含まれていないものとする。

1　0.95

2　1.00

3　1.05

4　1.10

5　1.15

［題 意］　質量濃度〔mg/kg〕と体積濃度〔mg/L〕の関係について基礎的な計算問題である。

［解 説］　量り取るべき試薬の量を x〔mg〕とし，調製した標準液の体積を V〔L〕とするとつぎに示す関係式から x を求めることができる。

調製の前後で質量は変化しないことから次式が成立する。ただし，質量の単位を g に統一した。

$$1\,000\,[\mathrm{g}] + x \times 10^{-3}\,[\mathrm{g}] = 0.95\,[\mathrm{g/mL}] \times V \times 10^{3}\,[\mathrm{mL}] \tag{1}$$

また，量り取った試料に含まれる成分 A の質量についても調製の前後で変化しないことから次式が成立する。ただし，質量の単位を mg に統一した。

$$x = \frac{95}{100}\,[\mathrm{mg}] = 1.00\,[\mathrm{mg/L}] \times V\,[\mathrm{L}] \tag{2}$$

式 (1) および式 (2) から V を消去して，x を求めると

$$10^{3} + x \times 10^{-3} = 0.95 \times 0.95 \times x \times 10^{3}$$

左辺の $x \times 10^{-3}$ は，きわめて小さいので無視して近似すると

$$x = 1.108 \cong 1.1\,\mathrm{mg}$$

となる。

よって，**4** の数値が最も近い。

［正 解］4

---- **問 3** ----

「JIS K 0114 ガスクロマトグラフィー通則」に規定されている検出器に関する次の記述の中から，正しいものを一つ選べ。

1 熱伝導度検出器は，測定対象化合物の熱伝導度がキャリヤーガスのそれに近いほど高感度に検出する。

2 水素炎イオン化検出器は有機化合物のほとんどを対象とするが，検量線の直線領域は2桁前後の狭い範囲に限られる。

3 電子捕獲検出器は電子親和性の高い化合物を選択的に検出し，検量線の直線領域は7桁前後の非常に広い範囲に及ぶ。

4 炎光光度検出器は硫黄，りん，及びすずを含有する化合物を対象とするが，硫黄の検量線は近似二次曲線となる。

5 熱イオン化検出器はりん又は塩素を含む化合物を選択的に検出し，一般にりんよりも塩素の方が感度は高い。

(題意) JIS K 0114「ガスクロマトグラフィー通則」に規定されている検出器について問う。

(解説) JIS K 0114「ガスクロマトグラフィー通則」の「6.5.2 主な検出器」に記載されている内容をつぎの**表**にまとめた。

表　おもな検出器

検出器	記載内容
熱伝導度検出器 （Thermal Conductivity Detector :TCD）	化合物とキャリヤーガスとの熱伝導度の差を利用する検出器。キャリヤーガス以外のすべての化合物の検出が可能で，汎用性が高い。熱容量の大きい金属ブロック内の流路系に金属フィラメントなどの検出素子群を納めた本体と素子に安定な直流電流を供給する電源部とで構成される。キャリヤーガスに試料成分が加わることによる熱伝導の変化をホイートストンブリッジ回路に組み込んだフィラメントの温度変化に対応する抵抗値変化としてとらえ，ブリッジ回路の出力電圧として取り出す感度は，キャリヤーガスと測定成分との熱伝導度差などによって決まるが，感度そのものはあまり高くはない。
水素炎イオン化検出器 （Flame Ionization Detector :FID）	CHラジカルを生成し得る物質に対して感度があるため，有機化合物のほとんどが対象となり，ガスクロマトグラフで最も広く使用されている汎用形検出器。カラムからの溶出物を含むキャリヤーガスと水素との混合部，助燃ガス（空気）供給口，燃焼ノズル，電極および電極電圧印加用電源部で構成される。原理はまず，水素と空気とを一定の割合で検出器内に導入し，点火をして水素炎を生じさせる。その炎中にGCカラムからの溶出成分を導くと，CHラジカルなどが生成し，最終的にその一部がイオン化してCHO^+などを生成する。CHO^+は，炎中で生成した水と素早く反応し，H_3O^+を生成する。検出器内のコレクター電極がそれを捕集すると電流が流れ，エレクトロメータで増幅が行われる。感度も高く，一般に7桁前後の非常に広い直線性がある。

電子捕獲検出器 （Electron Capture Detector :ECD）	電子親和性の高い化合物に対する電子捕獲反応を利用した検出器。放射線形が一般的で，線源としては ^{63}Ni を用いる。キャリヤーガスの流入・流出口をもつ金属製密封容器（セル）に納められた放射性同位元素の β 線源および電極並びに電極電圧印加用電源などで構成される。線源を封入したセル内にキャリヤーガスと付加ガス（窒素など）を導くと，β 線照射によって熱電子が生成し，セル中心部の陽極に向かって一定量の電子が移動するが，GC カラムから溶出した電子親和性化合物がセル内に入ると電子捕獲反応が起こり，結果として陽極に到達する電子が減るなどして電流が減少する。検出方式は現在，減少した電流を補償する形でパルスの周波数を増やす定電流方式が主流である。直線領域が狭いという欠点もあるが，特定の化合物に対してきわめて高感度の検出が可能である。β 線源の代わりに，適切なガス雰囲気での放電を利用する機構のものもある（非放射線形 ECD）。 放射線形 ECD は“放射線障害防止法”に基づいて管理する必要があるが，現在，この形の ECD には“表示付認証機器 ECD”および“一般 ECD”がある。使用に当たっては，いずれも文部科学省への届け出が必要であるが，前者の場合，設置後でよいなどの簡便化がはかられている。
炎光光度検出器 （Flame Photometric Detector：FPD）	炎光光度検出器は，還元性の炎中で化合物が燃焼する際に，生成する励起化学種が発する特異的な波長の光を検出する検出器。硫黄，りん，およびすずを含有する化合物が対象。キャリヤーガスと燃料ガスとの混合物，水素供給口，燃焼ノズル，光学フィルタ，光電子増倍管およびその電源で構成される。原理は，GC からの溶出成分を燃焼ガス（水素および空気または酸素）中で燃焼させて対象元素を含む化学種を励起し，基底状態に戻るときに生じる発光を狭帯域透過フィルタ（干渉フィルタという。）によって選別的に透過させ，光電子増倍管による増幅および電気的シグナルへの変換を行う。りんのほうが硫黄よりも数十倍感度がよい。硫黄の場合は，発光化学種が S_2 で原理的に光量は S_2 量に比例するため，検量線は硫黄量に対し近似二次曲線となるので注意を要する。各元素に対応する発光は，実際の燃焼が開始されてから発光するまでの時間および発光の継続時間は元素ごとに異なっている。そのため，燃焼過程をパルス的に生じさせ，フィルタだけでなくモニタする時間に差を付けることによって選択性および感度を高めることができる。この場合，パルスド FPD（PFPD）と呼ばれ，より多くの元素種に対応できるほか，硫黄の検出感度が FPD より高感度であるのが特徴である。
熱イオン化検出器 （Thermionic Ionization Detector :TID， Nitrogen Phosphorus Detector :NPD， または Flame Thermionic Detector :FTD）	熱イオン化検出器または窒素りん検出器は，含窒素化合物および含りん化合物を選択的，高感度に検出するもので，キャリヤーガスと水素との混合部，助燃ガス供給口，燃焼ノズル，アルカリソース，アルカリソース加熱機構，電極および電極電圧印加用電源部で構成される。まず，検出は検出器内に空気と少量の水素とを供給し，アルカリ金属塩（ルビジウム塩など）を付着させたビーズに電流を流して過熱し，周りにプラズマ状の雰囲気を作る。この中に，窒素またはりんを含む化合物が入ると，分解によって電気陰性度の高い化学種が生成し，これらは励起されたルビジウム原子との衝突によってイオン化し，生成した負イオンがコレクターで捕集され検出される。感度は，窒素よりもりんのほうが一般的に高い。また，ルビジウム塩などは消耗しやすいため，ビーズは一定の頻度での交換が必要である。

質量分析計 （Mass Spectrometer： MS）	カラムから分離，溶出されてきた各成分を質量分析計のイオン化部でイオン化した後，イオンのもつ質量電荷比（m/z）に従って分離を行い，検出することによって定性および定量を行う装置。本体は，イオン化部（イオン源），質量分離部（アナライザー），検出部（検出器），真空排気部（真空ポンプ），装置制御・データ処理部（データシステム）から構成される。イオン化部，質量分離部，検出部は真空に保たれている。測定目的に合わせたイオン化法およびアナライザーが選択可能。測定方式には全イオン検出法，選択イオン検出法（SIM）があり，用途によって使い分けされるが，質量スペクトルによる定性（ライブラリー検索を含む。），SIM クロマトグラムなどのピーク面積を用いた定量が主体となる。
その他の検出器	1）光イオン化検出器（Photo Ionization Detector：PID） 2）電気伝導度検出器（Electrolytic Conductivity Detector：ELCD） 3）原子発光検出器（Atomic Emission Detector：AED） 4）化学発光検出器（Chemiluminescence Detector：CLD）含硫黄化合物を対象としたもの（SCD）および含窒素化合物を対象としたもの（NCD）が代表的。 5）フーリエ変換赤外分光光度計（Fourier Transform Infrared Spectrophotometer：FTIR） 6）ヘリウムイオン化検出器（Helium Ionization Detector：HID）

よって，**4** 以外の記述内容は，表でアンダーラインを施した個所が異なるので誤りであるが，**4** は正しい。

〔**正 解**〕 **4**

----- 〔**問**〕**4** -----------

「JIS R 3505 ガラス製体積計」に関する次の記述の中から，誤っているものを一つ選べ。

1 目盛は，25 ℃の水を測定した時の体積を表すものとして付されている。

2 全量フラスコに付されている標識として，"TC" は受入体積を測定するものを表し，"TD" は排出体積を測定するものを表している。

3 メスピペットは，呼び容量に応じて排水時間が決められている。

4 目盛は，水際の最深部と目盛線の上縁とを水平に視定して測定するものとして付されている。

5 乳脂計以外のガラス製体積計の等級は，体積の許容誤差により 2 等級に区分されている。

【題 意】 JIS R 3505「ガラス製体積計」について問う。

【解 説】 JIS R 3505「ガラス製体積計」には，体積計に受け入れられた液体（受用）または体積から排出した液体（出用）の体積を測定するガラス製の体積計のうち，ビュレット，メスピペット，全量ピペット，全量フラスコ，首太全量フラスコ，メスシリンダーおよび乳脂計（以下，体積計という）について規定されている。

目盛は，20℃の水を測定したときの体積を表すものとして付され，水際の最深部と目盛線の上縁とを水平に視定して測定するものとして付されていることとされている。なお，青線入りの体積計の場合は，青線が水際によって屈折され，最も狭く見える部分を水際の最深部とする（6.目盛）。よって，**4** の記述内容は正しいが，**1** の記述内容の 25℃ は誤りで，20℃ が正しい。

全量フラスコは，受入体積を測定するものには"受用"，"In"または"TC"の標識が，排出体積を測定するものには"出用"，"Ex"または"TD"の標識が付されていることとされている（7.構造及び機能 構造及び機能）。よって，**2** の記述内容は正しい。

メスピペットおよび全量ピペットの排水時間は，呼び容量に応じて定められている。ただし，この規定は被計量液名が表記されている場合には適用しない。排水時間とは，メスピペットまたは全量ピペットを垂直にして水を自由に排出させたとき，呼び容量に相当する体積が排出されるのに要する時間である。ただし，先端までの容積によって呼び容量が定まるメスピペットおよび全量ピペットであって，先端に微量の液体を残して流出が止まるものは，その止まるときまでの時間とする（同7.）。よって，**3** の記述内容は正しい。

体積計には，つぎの事項が表記されていなければならない。(1) 等級（体積の許容誤差の違いによりクラス A またはクラス B の 2 等級の区分）（乳脂計を除く）。なお，クラス A を表す記号"A"，クラス B を表す記号"B"でもよい。(2) 呼び容量（乳脂計を除く）。(3) 製造業者名またはその略号。(4) 特定のメスピペットについては，その記号。(5) 全量フラスコについては，受用，出用の別またはその略号（11.表示）。よって，**5** の記述内容は正しい。

【正 解】 **1**

---- 【問】**5** ----

「JIS K 0115 吸光光度分析通則」に規定されている吸光光度分析に関する次の

記述の中から，正しいものを一つ選べ。

1 分光光度計の吸光度目盛は，重水素放電管の輝線の波長と比較して校正する。

2 検量線法による定量において，分析種濃度はできるだけ検量線の中央に来るように設定する。

3 ほうけい酸ガラス製セルは，石英ガラス製セルに比較してより短波長側の範囲で使用することができる。

4 吸光度が小さい試料を測定する場合には，光路長の短いセルが有効である。

5 発光ダイオードは，分光光度計の光源に用いることはできない。

〔題 意〕 JIS K 0115「吸光光度分析通則」に規定されている内容について問う。

〔解 説〕 可視および紫外領域の吸光度目盛の校正は，校正用光学フィルターを用いて，つぎのように行う。a) 測定波長，スペクトル幅，校正用光学フィルターの温度などは，値付けされたときの条件に設定する。b) 各校正用光学フィルターの透過パーセントまたは吸光度を測定する。c) 測定された透過パーセントまたは吸光度を，校正用光学フィルターの認証書に与えられた値と比較して校正する（5.2.2 吸光度目盛の校正）。よって，**1** の記述内容は誤りである。なお，光源の種類によっては，重水素放電管の輝線を，波長校正に用いることができるが（4.2.2.1 光源部），これは例外と考えたほうがよいので，ここは原則どおりに解釈する必要がある。

　一般的な定量には，検量線法を用いる。検量線用標準液の吸光度の測定を行い，吸光度と分析種の濃度との関係式によって表された検量線を作成する。各測定点には，ばらつきがあるため，統計量として取り扱う必要がある。検量線用標準液の点数および測定回数は，不確かさを考慮し，分析種濃度は，測定試料の目的分析種を挟み，できるだけ検量線の中央に来るように設定する。検量線は，直線を示す範囲内での使用が望ましい。検量線が曲線となる場合には，再現性が高いことが確認できた場合だけ，ロジスティック（logistic）曲線，ロジット（logit-log）変換などの回帰モデルを使用し，検量線を作成することができる（8.4.1 検量線法）。よって，**2** の記述内容は正しい。

　吸収セルを選択する際には，石英ガラス製セルは 200 nm ～ 1 300 nm，ガラス製セ

ルは 340 nm 〜 1 200 nm，プラスチック製セルは 220 nm 〜 900 nm 付近の波長範囲で
使用する（5.4.1 特定波長における吸収の測定，e）吸収セルの選択）。よって，**3** の記述
内容は誤りである。

　試料部の吸収セルは，気体，液体などの測定試料の光路長を一定に保つためのもの
で，測定波長範囲内で高い透過性をもち，測定試料に侵されない材質からなるものを
使用する。吸収セルには，角形セル，円筒セル，ミクロセル，フローセルなどがある。
角形セルは，キュベットともいう。通常，光路長 10 mm の角形セルを用いる。吸光度
が小さい試料では，光路長が大きい長光路セルが有効である。気体試料などの揮発性
の試料では，栓付きのセルを用いる。試料量が少ないときには，ミクロセルを用いる
が，セルの有効な光路幅が実際の光束幅よりも小さい場合には，セルの前方に余剰の
光束を遮断するマスクを入れる。試料を流しながら濃度変化を測定する分析機器など
には，フローセルを用いる（4.2.2.3 試料部，b）吸収セル）。よって，**4** の記述内容は誤
りである。

　光源部の光源用放射体には，つぎのものを用いることができる。

① タングステンランプ：320 nm 以上の長波長域で用いる。点灯を続けるとフィラ
　　メントが蒸発して次第に細くなり，蒸発したタングステンが球の内面に付着して
　　黒化し，光が遮断され，放射が徐々に減少し最終的に使用できなくなる。

② ハロゲンランプ：320 nm 以上の長波長域で用いる。ガス入り電球に微量のハロ
　　ゲンを添加して封入すると，電球内の低温部ではタングステンと化合して透明にな
　　り，高温部では，分解してタングステンを生成する。このため，黒化を防ぎ，ま
　　た，電球を小さくすることができる。さらに，寿命までの間の放射の減少率が低い
　　という特長がある。

③ 重水素放電管 160 nm 〜 400 nm の波長域で用いる。重水素を 0.3 kPa 〜 0.5 kPa
　　程度に充した放電管。

④ キセノンランプ：300 nm 〜 800 nm の波長域で用いる。主としてアーク放電に
　　よるキセノンガスの励起によって発光する放電ランプ。

⑤ 発光ダイオード（light emitting diode，LED）：白色 LED および単色 LED。白色
　　LED は，波長帯域幅をもつ光源として用いる。波長の異なる数種類の単色 LED を
　　組み合わせて光源として用いることもある。

⑥ その他の光源：レーザー励起光源，有機 EL（organic electroluminescence：OEL，

organic light emitting diode：OLED）などの波長帯域幅をもつ光源。なお，分光光
度計において，重水素放電管またはキセノンランプが光源用放射体の場合，輝線
は，波長校正に用いてもよい（4.2.2.1 光源部）。

よって，**5** の記載内容は誤りである。

〔正 解〕　2

------ 〔問〕 **6** ---

　JIS K 0312 工業用水・工場排水中のダイオキシン類の測定方法」に規定されて
いる試料容器及び採取操作に関する次の記述について，下線部 (a) ～ (c) に記
述した語句の正誤の組合せとして，正しいものを一つ選べ。

　試料容器は，特に指定がない限り (a) ガラス製のものを用い，使用前に有機溶
媒でよく洗浄したものを使用する。採取時には試料水による容器の (b) 洗浄を行
う。採取した試料は，試料容器に (c) 空間が残らないように入れ，密栓する。

	(a)	(b)	(c)
1	正	正	正
2	正	誤	誤
3	誤	正	誤
4	誤	誤	正
5	誤	誤	誤

〔題 意〕　JIS K 0312「工場用水・工場排水中のダイオキシン類の測定方法」の試料
容器および採取操作について規定されている内容を問う。

〔解 説〕　試料容器は，特に指定がない限り (a) ガラス製のものを用い，使用前にメ
タノールまたはアセトンおよびトルエンまたはジクロロメタンでよく洗浄したものを
使用する。洗浄に用いた溶媒は，容器内に残らないように注意する。栓は，スクリュー
キャップなどで密栓できるものとし，ゴム製またはコルク製のものは使用しない。空
試験などによって，測定に支障のないことを確認する（5.2.1.1 試料容器）。

　試料の採取は，JIS K 0094 による。ただし，試料水による容器の (b) 洗浄は行わない。
採取した試料は，試料容器に (c) 空間が残るように入れ，密栓する。試料水中に残留塩

素が存在する場合には，残留塩素 1 mg/L に対して JIS K 8637 に規定するチオ硫酸ナトリウム五水和物 7.0 mg/L，または JIS K 9502 に規定する L（＋）－アスコルビン酸 20 mg/L を添加し，よく混合する。場合によっては，測定地点において試料水を通水してダイオキシン類を捕集する大容量捕集装置を用いる採取を行ってもよい。なお，再度抽出からやり直す可能性を考慮し，予備試料も併せて採取することが望ましい（5.2.3 採取方法）。

よって，（a）の記述内容は正しく，（b）および（c）の記述内容は誤りであるので，**2** の組合せが該当する。

［正 解］ 2

---- **問 7** ----

「JIS K 0133 高周波プラズマ質量分析通則」に規定されている ICP 質量分析法で用いるコリジョン・リアクションセルに関する次の記述について，下線部（a）～（c）に記述した語句の正誤の組合せとして，正しいものを一つ選べ。

コリジョン・リアクションセルは，測定対象元素以外のイオンが引き起こす (a)非スペクトル干渉を除去又は低減するための装置であり，(b)質量分離部の後ろに設ける。外部から気体分子（水素，ヘリウム，アンモニアなど）を導入したセルと呼ばれる箱の中をプラズマからのイオンが通過するときに，気体分子とイオンとの間で相互作用が生じる。この相互作用の結果として，測定対象元素イオンと干渉イオンの選別が行われるとともに，(c)イオンの運動エネルギーの収束も生じる。

	(a)	(b)	(c)
1	正	正	正
2	正	誤	誤
3	誤	正	誤
4	誤	誤	正
5	誤	誤	誤

[題 意]　JIS K 0133「高周波プラズマ質量分析通則」に規定されているコリジョン・リアクションセルに関する基礎知識を問う。

[解 説]　コリジョン・リアクションセルは，測定対象元素以外のイオンが引き起こす (a) スペクトル干渉を除去または低減するための装置であり，(b) 質量分離部の前に設ける。スペクトル干渉を生じるイオンとは，プラズマを構成するアルゴン，その不純物，大気の構成成分，試料溶液の構成成分および共存成分並びにこれらの化合物によるイオンを意味する。外部から気体分子を導入したセルと呼ぶ箱の中をプラズマからのイオンが通過するときに，気体分子とイオンとの間で相互作用が生じる。この相互作用の結果，測定対象元素イオンとスペクトル干渉イオンとの選別が行われ，後者のイオン量は，前者に比べて大幅に低減する。セルの中には，複数の電極から成るイオンガイドが設けられる。電極の本数によって，四重極，六重極，八重極などと分類される。セルには，水素，メタン，アンモニア，ヘリウム，キセノン又はこれらの混合ガスなどが導入される。コリジョン・リアクションセル装置は，スペクトル干渉除去のために四重極形質量分析計と組み合わせて用いることが多いが，相互作用の結果として (c) イオンの運動エネルギーの収束も生じるので，磁場形の質量分析計と組み合わせて用いることもある（5.2.1 コリジョン・リアクションセル）。

　よって，(a) および (b) の記述内容は誤りであり，(c) の記述内容は正しいから，**4** の組合せが該当する。

[正 解]　**4**

---------- **[問] 8** ----------

「JIS K 0103 排ガス中の硫黄酸化物分析方法」に関する次の記述の中から，誤っているものを一つ選べ。

　1　イオンクロマトグラフ法では，試料ガスに硫化物などの還元性ガスが高濃度に共存すると影響を受ける。

　2　イオンクロマトグラフ法では，過酸化水素水を吸収液として用いる。

　3　イオンクロマトグラフ法では，硫黄酸化物を硫酸に変換して測定する。

　4　沈殿滴定法では，アルセナゾⅢを指示薬として酢酸バリウム溶液で滴定する。

5　自動計測法の対象成分は，一酸化硫黄のみである。

〔題意〕　JIS K 0103「排ガス中の硫黄酸化物分析方法」に規定されている内容について問う。

〔解説〕　化学分析法の対象成分は，$SO_2 + SO_3$ を合わせたものであり，化学分析法の種類には，イオンクロマトグラフ法および沈殿滴定法（アルセナゾ III 法）がある。イオンクロマトグラフ法では，試料ガス中の硫黄酸化物を過酸化水素水に吸収させて硫酸にした後，イオンクロマトグラフに導入し，クロマトグラムを記録する。適用条件として，この方法は，試料ガス中に硫化物などの還元性ガスが高濃度に共存すると影響を受けるので，その影響を無視または除去できる場合に適用される。よって，**1**，**2**および **3** の記述内容は正しい。

沈殿滴定法（アルセナゾ III 法）では，試料ガス中の硫黄酸化物を過酸化水素水に吸収させて硫酸にした後，2-プロパノールと酢酸とを加え，アルセナゾ III を指示薬として酢酸バリウム溶液で滴定する。適用条件は特にない。よって，**4** の記述内容は正しい。

自動計測法の対象成分は SO_2 のみであり，JIS B 7981「排ガス中の二酸化硫黄自動計測システム及び自動計測器」による。この規格は，固定発生源の排ガス中の二酸化硫黄濃度を連続的に測定するための自動計測システムおよび自動計測器のうち，試料ガス吸引採取方式のものについて規定されており，測定原理として，a) 溶液導電率方式，b) 赤外線吸収方式，c) 紫外線吸収方式，d) 紫外線蛍光方式，および e) 干渉分光方式（interferometry）がある。

よって，**5** の記述内容について，一酸化硫黄のみは誤りであり，二酸化硫黄のみが正しいので，これが該当する。

〔正解〕　**5**

------ **〔問〕9** ------

「JIS K 0121 原子吸光分析通則」に規定されている分析装置に関する次の記述の中から，誤っているものを一つ選べ。

1　中空陰極ランプは，分析用光源及びバックグラウンド補正用光源に使用することができる。

2 予混合バーナーでは，霧化された試料溶液の全量をフレームに送り込む。

3 ダブルビーム方式の装置は，光束を分割することで光源の光強度変化を補正するものである。

4 検出器には，光電子増倍管，光電管又は半導体検出器が用いられる。

5 分光器の形式には，ツェルニ・ターナー形，エシェル形などがある。

［題 意］ JIS K 0121「原子吸光分析通則」の分析装置に関する規定内容について問う。

［解 説］ 光源部は，光源およびランプ点灯用電源で構成し，その光源は使用目的に応じて，中空陰極ランプ，高輝度ランプ（高輝度中空陰極ランプおよび無電極放電ランプ），低圧水銀ランプ，キセノンランプ，重水素ランプおよびタングステンランプがある。中空陰極ランプは分析用光源およびバックグラウンド補正用光源である（5.2.1 光源）。よって，**1** の記述内容は正しい。

　フレーム方式の原子化部は，バーナーおよびガス流量制御部で構成する。バーナーは，試料溶液をチャンバー内に吹き込んで，細かい粒子だけをフレームに送り込む予混合バーナーおよび霧化された試料溶液の全量をフレームに送り込む全噴霧バーナーとする。予混合バーナーでは，二重管で構成されるネブライザーの外側に助燃ガスが流れることによって，試料溶液がチャンバー内に霧状で導入される。この霧はさらにディスパーサーにぶつかり，より細かい粒子だけが燃料ガス，助燃ガスとともにチャンバー内を進み，バーナーヘッドのスロットからフレームに送り込まれる。予混合バーナーに用いるフレームの種類は，アセチレン・空気，アセチレン・一酸化二窒素，水素・アルゴンなどとする。ドレントラップは，燃料ガスおよび助燃ガスがドレンチューブから流出しないものを用いる（5.3.1 フレーム方式の原子化部）。よって，**2** の記述内容は，全噴霧バーナーの説明であり，誤りである。

　測光方式には，シングルビーム方式とダブルビーム方式とがある。シングルビーム方式は，1 本の光束で測定を行うが，ダブルビーム方式は，光束をハーフミラーなどによって分割し，一方を原子化部に通過させ，他方は，迂回する。後者を参照光として光強度変化を補正するものである（5.4.1 測光方式）。よって，**3** の記述内容は正しい。

　検出部は，検出器への入射光の光強度をその強度に応じた電気信号に変換するものであり，検出器には光電子増倍管，光電管または半導体検出器が用いられる（5.5 検出部）。よって，**4** の記述内容は正しい。

分光器は，光源から放射されたスペクトルの中から必要な分析線だけを選び出すためのもので，回折格子を用いた分光器を備え，近接線を分離できる十分な分解能を備えたものとする。分光器には，リトロー形分光器，ツェルニ・ターナー形分光器，エバート形分光器，エシェル形分光器などがある。光源スペクトル分布が単純な元素では，干渉フィルターを用いる場合もある。または回折格子，干渉フィルターを用いないで，ある波長だけを選択的に検出できる検出器を用いる場合もある（5.4.2 分光器）。よって，**5** の記述内容は正しい。

〔正解〕 2

---------- 〔問〕**10** ----------

「JIS K 0109 排ガス中のシアン化水素分析方法」に規定されている吸光光度法及びガスクロマトグラフ法に関する次の記述の中から，正しいものを一つ選べ。

1 吸光光度法では，吸収液として硫酸－過酸化水素水を用いる。

2 吸光光度法では，4-アミノアンチピリン溶液で発色させる。

3 ガスクロマトグラフ法では，熱イオン化検出器を使用する。

4 ガスクロマトグラフ法では，試料ガスを吸収瓶で捕集する。

5 ガスクロマトグラフ法における定量範囲は，吸光光度法のそれよりも狭い。

〔題意〕 JIS K 0109「排ガス中のシアン化水素分析方法」の吸光光度法およびガスクロマトグラフ法に規定されている内容について問う。

〔解説〕 4-ピリジンカルボン酸－ピラゾロン吸光光度法は，試料ガス中のシアン化水素を吸収液に吸収させた後，4-ピリジンカルボン酸ピラゾロン溶液を加えて発色させ，吸光度を測定する。吸収液は，水酸化ナトリウム溶液 (5 mol/L) である。定量範囲は，0.5 ～ 8.6 vol ppm である。適用条件としては，この方法は，試料ガス中にハロゲンなどの酸化性ガスおよびアルデヒド類，硫化水素，二酸化硫黄などの還元性ガスが共存すると影響を受けるので，その影響を無視できる場合に適用する。よって，**1** および **2** の記述内容は誤りである。

ガスクロマトグラフ法は，試料ガスを熱イオン化検出器付きガスクロマトグラフに

直接導入してクロマトグラムを得る。注射筒法により試料を採取し，必要量採取後，手早く注射針を装着し分析に用いる。定量範囲は，0.2 ～ 34.4 vol ppm である。適用条件としては，この方法は，試料採取時に水分が凝縮しない場合に適用する。よって，**3** の記述内容は正しいが，**4** および **5** の記述内容は誤りである。

(正 解) 3

------ **問 11** --

「JIS B 7953 大気中の窒素酸化物自動計測器」に規定されている化学発光方式による計測器の原理について，次の記述の（ア）～（ウ）に入る語句の組合せとして，正しいものを一つ選べ。

本計測器は，試料ガス中の ┃ (ア) ┃ と ┃ (イ) ┃ の反応によって生ずる化学発光強度が ┃ (ウ) ┃ 濃度と比例関係にあることを利用している。

	（ア）	（イ）	（ウ）
1	一酸化窒素	アンモニア	一酸化二窒素
2	二酸化窒素	水素	二酸化窒素
3	二酸化窒素	水素	一酸化窒素
4	一酸化窒素	オゾン	一酸化窒素
5	一酸化窒素	オゾン	二酸化窒素

(題 意) JIS B 7953「大気中の窒素酸化物自動計測器」の化学発光方式に規定されている計測器の原理について問う。

(解 説) この規格は，大気中の一酸化窒素，二酸化窒素等の窒素酸化物の濃度を連続的に測定するための化学発光方式および吸光光度方式による自動計測器について規定されている。化学発光方式の原理は，化学発光によって試料大気中に含まれる一酸化窒素および二酸化窒素を連続測定する方法である。発光は，物質が励起された状態から基底状態に戻る場合に光を出すという多くの物質がもつ性質をいい，化学反応の結果として発光が起こる現象を化学発光という。この計測器の化学発光は

$$NO + O_3 \rightarrow NO_2{}^* + O_2$$

$$NO_2{}^* \rightarrow NO_2 + h\nu$$

の反応による。

励起された二酸化窒素は，近赤外領域（1 200 nm）付近に中心波長をもつ光を出す。化学発光方式の計測器は，試料ガス中の (ア) 一酸化窒素と (イ) オゾンの反応によって生じる化学発光強度が (ウ) 一酸化窒素濃度と比例関係にあることを利用して，試料大気中に含まれる一酸化窒素濃度を測定する。二酸化窒素を測定する場合は，試料ガスをコンバータに通して測定した窒素酸化物（一酸化窒素と二酸化窒素の合量）濃度からコンバータを通さない場合の測定値，すなわち，一酸化窒素濃度を差し引いて求める（6.2.1 化学発光方式）。よって，**4** の組合せが該当する。

合わせて吸光光度方式について説明する。吸光光度方式の原理は，吸収液（ザルツマン試薬）を用いる吸光光度法によって，試料大気中に含まれる一酸化窒素と二酸化窒素の 1 時間平均値を同時に連続測定する方法である。吸収液（N-1- ナフチルエチレンジアミン二塩酸塩，スルファニル酸および氷酢酸の混合溶液）の一定量に一定流量の試料ガスを一定時間通気して二酸化窒素を吸収させ，吸収液の吸光度を測定し，試料大気中に含まれる二酸化窒素濃度を連続的に測定する。一酸化窒素は吸収液と反応しないので，酸化液（硫酸酸性過マンガン酸カリウム溶液）で二酸化窒素に変えてから，二酸化窒素と同等の方法で測定する（6.2.2 吸光光度方式）。

〔正 解〕 **4**

------ 問 **12** --

銅標準原液（銅濃度 1 000 mg/L，硝酸濃度 1.00 mol/L），濃硝酸及び濃硫酸を混合し，純水で 100.0 mL に希釈して標準液（銅濃度 100.0 mg/L，硝酸濃度 1.00 mol/L，硫酸濃度 2.00 mol/L）を調製した。この標準液を調製する際に要した濃硝酸（硝酸の質量分率 60.0 %，密度 1.38 g/mL，硝酸のモル質量 63.0 g/mol）と濃硫酸（硫酸の質量分率 98.0 %，密度 1.83 g/mL，硫酸のモル質量 98.0 g/mol）の量の組合せとして，最も近いものを次の中から一つ選べ。ただし，混合による発熱の影響は無視できるものとする。

	濃硝酸	濃硫酸
1	6.9 mL	10.9 mL
2	6.9 mL	20.0 mL
3	7.6 mL	10.9 mL

4 7.6 mL   20.0 mL

5 9.5 mL   10.9 mL

[題 意] 標準液の調製に関する基礎的な計算問題である。

[解 説] 希釈操作の際，添加した濃硝酸および濃硫酸のそれぞれの量を x〔mL〕および y〔mL〕とすると，それぞれの絶対モル数は希釈操作の調製の前後で変化しないことに留意する。

銅の標準液の濃度 100 mg/L から採取した原液の量は 10 mL であることが分かる。また，原液には当初から濃硝酸が含まれていたことを考慮して，調製の前後で硝酸の絶対モル数は変化しないので次式が成立する。

$$1.00\,\text{mol/L} \times \frac{10}{1\,000}\,\text{L} + x + \frac{60}{100} \times 1.38\,\text{g/mL} \times \frac{1}{63.0\,\text{g/mol}}$$

$$= 1.00\,\text{mol/L} \times \frac{100}{1\,000}\,\text{L} \tag{1}$$

また，調製の前後で硫酸の絶対モル数も変化しないので次式が成立する。

$$y \times \frac{98}{100} \times 1.83\,\text{g/mL} \times \frac{1}{98.0\,\text{g/mol}} = 2.00\,\text{mol/L} \times \frac{100}{1\,000}\,\text{L} \tag{2}$$

式 (1) および式 (2) より，x および y を求めると

$x = 6.848$

$y = 10.93$

となる。

よって，**1** の濃硝酸および濃硫酸の量の組合せが最も近い。

[正 解] **1**

[問] 13

「JIS K 0095 排ガス試料採取方法」に関する次の記述の中から，正しいものを一つ選べ。

1 採取口を開けられる管の材質は，炭素鋼，ステンレス鋼又はコンクリート製とする。

2 採取管と捕集部又は前処理部とを接続する導管の長さは，なるべく長くする。

3　ろ過材は，必要に応じて採取管の先端又は後段に装着する。

4　シリカガラス製の採取管は，ふっ化水素ガスを含む排ガス試料の採取に使用できる。

5　吸引ポンプを保護するための乾燥管には，乾燥剤として鉄粉を用いる。

(題 意)　JIS K 0095「排ガス試料採取方法」に規定されている内容について問う。

(解 説)　採取口に用いる管の材質は，炭素鋼，ステンレス鋼またはプラスチック製とする。プラスチック製を用いる場合には，採取口および取付け部分は 120 ℃程度の加熱にも耐えられる材質のものを用いる (5.3 採取口)。よって，**1** の記述内容は誤りである。

試料ガスを採取するとき，採取管と捕集部または前処理部とを接続する管を導管という。導管の内径は，導管の長さ，吸引ガス流量，凝縮水による目詰まり，吸引ポンプの能力などを考慮し，4 〜 25 mm とする。導管の長さは，なるべく短くする (6.6 導管)。よって，**2** の記述内容は誤りである。

一次ろ過材は，試料ガス中にダストなどが混入するのを防ぐため，必要に応じて採取管の先端または後段に装着する (6.4 一次ろ過材)。よって，**3** の記述内容は正しい。

採取管，導管，接手管およびろ過材並びに試料ガス分岐管の材質は，排ガスの組成，温度などを考慮して，つぎの条件を満たすものを選択する。

a) 化学反応，吸着作用などによって，排ガスの分析結果に影響を与えないもの。

b) 排ガス中の腐食性成分によって，腐食されにくいもの。

c) 排ガスの温度，流速に対して，十分な耐熱性および機械的強度を保てるもの。

使用例を**表**に示す (6.2 材質)。

この表からわかるように，シリカガラス製の採取管は，ふっ化水素ガスを含む排ガス試料の採取に使用できない。よって，**4** の記述内容は誤りである。

化学分析に用いる捕集部は，吸収瓶，捕集容器，水銀マノメーター，洗浄瓶，吸引ポンプ，乾燥管，ガスメーターなどからなる。接続には，共通球面すり合せ接手管，シリコーンゴム管，ふっ素ゴム管，軟質塩化ビニル管，肉厚ゴム管などを用いる。これらは，試料ガスの組成および温度などによって選択する。吸収瓶は，分析対象成分の吸収液を入れるガラス製の容器であり，排ガス中の水分量および吸引流量を十分考慮して，吸収瓶の容積には余裕をもたせる。捕集容器は，試料ガスをガスの状態で捕

表 採取管，導管，接手管およびろ過材ならびに試料ガス分岐管の材質と使用例

部品	採取管・分岐管						導管					接手管			ろ過材						
材質	ほうけい酸ガラス	シリカガラス	ステンレス鋼(4)	チタン	セラミックス	四ふっ化エチレン樹脂	ほうけい酸ガラス	シリカガラス	ステンレス鋼(4)	四ふっ化エチレン樹脂	硬質塩化ビニル樹脂	ふっ素ゴム	シリコーンゴム	クロロプレーンゴム	無アルカリガラスウール	シリカウール	焼結ガラス	ステンレス鋼(4)	焼結ステンレス鋼(4)	多孔質セラミックス	四ふっ化エチレン樹脂
最高使用温度〔℃〕	400	1 000	800	800	1 000	200	400	1 000	800	200	70	180	150	80	400	1 000	400	700	700	1 000	200
硫黄酸化物																					
窒素酸化物																					
一酸化炭素																					
硫化水素																					
シアン化水素																					
酸素																					
アンモニア	○	○				○	○	○		○		○	○		○	○	○				○
塩素	○	○			○	○			○	○		○		○		○	○				○
塩化水素	○	○			○	○			○	○		○		○		○	○				○
ふっ化水素																					○
メルカプタン	○	○	○			○	○	○	○	○		○	○		○	○	○				○

（測定成分）

集する容器でガラス製の減圧捕集瓶，注射筒，捕集バッグなどがある。なお，捕集バッグの材質は，分析対象成分の吸着，透過および変質を生じないものを選択する。水銀マノメーターは，真空マノメーターおよび大気開放形のマノメーターで大気圧との差（水銀柱の高さ）が 200 mm を測定できるものを用いる。乾燥管は，吸引ポンプを保護するためのもので，乾燥剤としてシリカゲルなどを用いる（6.8 捕集部）。よって，**5** の記述内容は誤りである。

正解 **3**

---- 問 **14** ----

排ガスの分析方法に関する日本産業規格（JIS）において，ガスクロマトグラフの検出器に電子捕獲検出器が規定されているものを，次の中から一つ選べ。

1 JIS K 0086 排ガス中のフェノール類分析方法

2 JIS K 0087 排ガス中のピリジン分析方法

3　JIS K 0091 排ガス中の二硫化炭素分析方法

4　JIS K 0092 排ガス中のメルカプタン分析方法

5　JIS K 0110 排ガス中の一酸化二窒素分析方法

【題意】　排ガスの分析方法に関する日本産業規格において，GC の検出器に ECD が規定されている分析法を問う。

【解説】　ガスクロマトグラフィーで用いられる電子捕獲型検出器（ECD）とは，有機ハロゲン化合物，ニトロ化合物，アルキル水銀などの親電子性の物質を選択的に高感度で検出できる検出器のことである。ECD は，陽極（ガス入口），陰極（ガス出口），放射線源（^{63}Ni）から構成されており，放射線源の β 崩壊によって β 線（電子線）が生じる。β 線が不活性のキャリアガス（窒素など）と衝突して熱電子を生じ，弱い電圧をかけた両極間に微少電流が流れる。ここに電気陰性度の大きな原子を含む親電子性物質（有機ハロゲン化合物，ニトロ化合物など）がキャリアガスとともに入ってくると，自由電子を捕獲する性質のあるために熱電子が捕獲され，陰イオンを生成する。生成した陰イオンは先に生じたキャリアガスの陽イオンと再結合するため，イオン電流が減少する。この減少量を測定することで，親電子性物質を選択的に検出することができる。

　特徴としては，ハロゲン，りんなどの電気陰性度の大きな原子を含む化合物，ニトロ化合物，アルキル水銀に対してきわめて高感度で測定でき，絶対量として 10 pg 以下の検出も可能である。測定したい物質にハロゲンやニトロ基がなくても，対象物質をハロゲン化，ニトロ化することで測定が可能になる。用途としては，排水・土壌中のアルキル水銀，農薬の定量分析，排水・土壌中の PCB の定量分析，大気中のトリクロロエチレン，VOC の定量分析などがある。

　JIS K 0086「排ガス中のフェノール類分析方法」に規定されているガスクロマトグラフの検出器は，水素炎イオン化検出器である（5.1.2 装置）。

　JIS K 0087「排ガス中のピリジン分析方法」に規定されているガスクロマトグラフの検出器は，水素炎イオン化検出器である（5.2.2 装置及び器具）。

　JIS K 0091「排ガス中の二硫化炭素分析方法」に規定されているガスクロマトグラフの検出器は，炎光光度検出器である。水素炎イオン化法による検出もでき，両者の指示が見られる 2 ペン方式のものを用いてもよい（5.2.2 器具及び装置）。

　JIS K 0092「排ガス中のメルカプタン分析方法」に規定されているガスクロマトグラ

フの検出器は，炎光光度検出器である。水素炎イオン化法による検出もでき，両者の指示が見られる2ペン方式のものを用いてもよい（5.2.2 装置及び器具）。

JIS K 0110「排ガス中の一酸化二窒素分析方法」に規定されているガスクロマトグラフの検出器は，電子捕獲検出器であり，試料ガス中の一酸化二窒素をカラムによって分離する。記録されたクロマトグラムのピーク面積または高さを，同一装置および同一条件下で得られた標準ガスのピーク面積または高さと比較して定量する（7.1.1 一般）。

よって，**5** の「排ガス中の一酸化二窒素分析方法」が該当する。

〔正 解〕 5

---- **問 15** ----

消防法で規定されている危険物の貯蔵方法に関する次の記述の中から，誤っているものを一つ選べ。

1 黄りんを硫黄粉末の中に完全に埋めた上，屋内貯蔵所に貯蔵した。

2 トルエンを，屋根上に蒸気を排出する設備のある屋内貯蔵所に貯蔵した。

3 アセトンと二硫化炭素を，同じ屋内貯蔵所に隣り合った状態で貯蔵した。

4 ニトロセルロースと過塩素酸カリウムを，1 m 以上の距離をとって同じ屋内貯蔵所に貯蔵した。

5 金属ナトリウムを灯油の中に完全に沈めた上，屋内貯蔵所に貯蔵した。

〔題 意〕 消防法の危険物の貯蔵方法に規定されている内容について問う。

〔解 説〕 消防法における危険物の取扱いについて，消防法では，① 火災発生の危険性が大きい，② 火災が発生した場合に火災を拡大する危険性が大きい，③ 火災の際の消火の困難性が高いなどの性状を有する物品を「危険物」として指定し，火災予防上の観点から，その貯蔵，取扱い，運搬方法などについてハード，ソフト両面からの安全確保に努めている。

一定量以上の危険物は，原則として市町村長等の許可を受けた危険物施設以外の場所では貯蔵し，または取り扱うことができない。これらの危険物施設の位置，構造および設備については消防法に基づく技術基準が定められており，全国統一的に運用されている。

　消防法上の危険物とは，消防法（第2条第7項）では，「別表第一の品名欄に掲げる物品で，同表に定める区分に応じ同表の性質欄に掲げる性状を有するものをいう」と定義されている。消防法上の危険物の類別，性質，特性および代表的な物質を**表**に示す。また，それぞれの危険物の「性状」は，「消防法別表第1　備考」に類別に定義されており，表に続いて下にその内容を示す。消防法上の危険物には，それ自体が発火または引火しやすい危険性を有している物質のみでなく，他の物質と混在することによって燃焼を促進させる物品も含まれている。

表　危険物の類別，性質，特性および代表的な物質

類　別	性　質	品　名	特　性
第1類	酸化性固体	1. 塩素酸塩類，2. 過塩素酸塩類，3. 無機過酸化物，4. 亜塩素酸塩類，5. 臭素酸塩類，6. 硝酸塩類，7. よう素酸塩類，8. 過マンガン酸塩類，9. 重クロム酸塩類，10. その他のもので政令で定めるもの，11. 上記のいずれかを含有するもの	他の物質を強く酸化させる性質を有し，可燃物と混合したとき，熱，衝撃，摩擦等によって分解し，きわめて激しい燃焼を起こさせる固体
第2類	可燃性固体	1. 硫化りん，2. 赤りん，3. 硫黄，4. 鉄粉，5. 金属粉，6. マグネシウム，7. その他のもので政令で定めるもの，8. 上記のいずれかを含有するもの，9. 引火性固体	火炎により着火しやすい固体または比較的低温（40℃未満）で引火し易い固体
第3類	自然発火性物質および禁水性物質	1. カリウム，2. ナトリウム，3. アルキルアルミニウム，4. アルキルリチウム，5. 黄りん，6. アルカリ金属（カリウムおよびナトリウムを除く）およびアルカリ土類金属，7. 有機金属化合物（アルキルアルミニウムおよびアルキルリチウムを除く），8. 金属の水素化物，9. 金属のりん化物，10. カルシウムまたはアルミニウムの炭化物，11. その他のもので政令で定めるもの，12. 上記のいずれかを含有するもの	空気に曝されることにより自然に発火する，または水と接触して発火し，もしくは可燃性のガスを発生する固体
第4類	引火性液体	1. 特殊引火物，2. 第一石油類，3. アルコール類，4. 第二石油類，5. 第三石油類，6. 第四石油類，7. 動植物油類	引火性を有する液体
第5類	自己反応性物質	1. 有機過酸化物，2. 硝酸エステル類，3. ニトロ化合物，4. ニトロソ化合物，5. アゾ化合物，6. ジアゾ化合物，7. ヒドラジンの誘導体，8. ヒドロキシルアミン，9. ヒドロキシルアミン塩類，10. その他のもので政令で定めるもの，11. 上記のいずれかを含有するもの	加熱分解等の自己反応により，比較的低い温度で多量の熱を発生する，または爆発的に反応が進行する固体または液体

| 第6類 | 酸化性液体 | 1. 過塩素酸，2. 過酸化水素，3. 硝酸，4. その他のもので政令で定めるもの，5. 上記のいずれかを含有するもの | そのもの自体は燃焼しないが，混在するほかの可燃物の燃焼を促進する性質を有する液体 |

〔備考〕

1　酸化性固体とは，固体（液体（1気圧において，温度20℃で液状であるものまたは温度20℃を超え40℃以下の間において液状となるものをいう。以下同じ）または気体（1気圧において，温度20℃で気体状であるものをいう）以外のものをいう。以下同じ）であって，酸化力の潜在的な危険性を判断するための政令で定める試験において政令で定める性状を示すものまたは衝撃に対する敏感性を判断するための政令で定める試験において政令で定める性状を示すものであることをいう。

2　可燃性固体とは，固体であって，火炎による着火の危険性を判断するための政令で定める試験において政令で定める性状を示すものまたは引火の危険性を判断するための政令で定める試験において引火性を示すものであることをいう。

3　鉄粉とは，鉄の粉をいい，粒度等を勘案して総務省令で定めるものを除く。

4　硫化りん，赤りん，硫黄および鉄粉は，備考第2号に規定する性状を示すものとみなす。

5　金属粉とは，アルカリ金属，アルカリ土類金属，鉄およびマグネシウム以外の金属の粉をいい，粒度等を勘案して総務省令で定めるものを除く。

6　マグネシウムおよび第二類の項第八号の物品のうち，マグネシウムを含有するものにあっては，形状等を勘案して総務省令で定めるものを除く。

7　引火性固体とは，固形アルコールその他1気圧において引火点が40℃未満のものをいう。

8　自然発火性物質および禁水性物質とは，固体または液体であって，空気中での発火の危険性を判断するための政令で定める試験において政令で定める性状を示すものまたは水と接触して発火し，もしくは可燃性ガスを発生する危険性を判断するための政令で定める試験において政令で定める性状を示すものであることをいう。

9　カリウム，ナトリウム，アルキルアルミニウム，アルキルリチウムおよび黄りんは，前号に規定する性状を示すものとみなす。

10　引火性液体とは，液体（第三石油類，第四石油類および動植物油類にあっては，1気圧において，温度20℃で液状であるものに限る。）であって，引火の危険性を判

断するための政令で定める試験において引火性を示すものであることをいう。

11　特殊引火物とは，ジエチルエーテル，二硫化炭素その他1気圧において，発火点が100℃以下のものまたは引火点が零下20℃以下で沸点が40℃以下のものをいう。

12　第一石油類とは，アセトン，ガソリンその他1気圧において引火点が21℃未満のものをいう。

13　アルコール類とは，1分子を構成する炭素の原子の数が1個から3個までの飽和一価アルコール（変性アルコールを含む。）をいい，組成等を勘案して総務省令で定めるものを除く。

14　第二石油類とは，灯油，軽油その他1気圧において引火点が21℃以上70℃未満のものをいい，塗料類その他の物品であって，組成等を勘案して総務省令で定めるものを除く。

15　第三石油類とは，重油，クレオソート油その他1気圧において引火点が70℃以上200℃未満のものをいい，塗料類その他の物品であって，組成を勘案して総務省令で定めるものを除く。

16　第四石油類とは，ギヤー油，シリンダー油その他1気圧において引火点が200℃以上250℃未満のものをいい，塗料類その他の物品であって，組成を勘案して総務省令で定めるものを除く。

17　動植物油類とは，動物の脂肉等または植物の種子もしくは果肉から抽出したものであって，1気圧において引火点が250℃未満のものをいい，総務省令で定めるところにより貯蔵保管されているものを除く。

18　自己反応性物質とは，固体または液体であって，爆発の危険性を判断するための政令で定める試験において政令で定める性状を示すものまたは加熱分解の激しさを判断するための政令で定める試験において政令で定める性状を示すものであることをいう。

19　第5類の項第11号の物品にあっては，有機過酸化物を含有するもののうち不活性の固体を含有するもので，総務省令で定めるものを除く。

20　酸化性液体とは，液体であって，酸化力の潜在的な危険性を判断するための政令で定める試験において政令で定める性状を示すものであることをいう。

21　この表の性質欄に掲げる性状の2以上を有する物品の属する品名は，総務省令で定める。

この表および備考の記載からわかるように，硫黄は第2類の可燃性固体に属し，火炎による着火の危険性または引火の危険性を示すものであり，黄りんは第3類の自然発火性物質に属し，空気中での発火の危険性または水と接触して発火または可燃性ガスを発生する危険性がある。よって，両者を接触させて保存することは極めて危険であるため，**1**の貯蔵方法は誤りである。

〔正　解〕　1

-------- 〔問〕16 --------

「JIS K 0089 排ガス中のアクロレイン分析方法」に関する次の記述の中から，誤っているものを一つ選べ。

1　試料ガスの採取位置は，ガスの流速の変化が著しくない位置を選ぶ。

2　試料ガスは，同一採取位置において近接した時間内で原則として2回以上採取し，それぞれ分析に用いる。

3　ヘキシルレゾルシノール吸光光度法は，試料ガス中にオゾン又はジエン類が1000 vol ppm以上共存している場合に適用する。

4　ヘキシルレゾルシノール吸光光度法では，試料採取方法として吸収瓶法を用いる。

5　ガスクロマトグラフ法では，検出器として水素炎イオン化検出器を用いる。

〔題　意〕　JIS K 0089「排ガス中のアクロレイン分析方法」に規定されている内容について問う。

〔解　説〕　試料ガス採取方法は，同一採取位置において近接した時間内で原則として2回以上採取し，それぞれ分析に用いる。試料ガスの採取位置は，代表的なガスが採取できる点，例えば，ガスの流速の変化が著しくない位置を選ぶ（4.試料ガス採取方法）。よって，**1**および**2**の記述内容は正しい。

試料ガス採取量が1L以下の場合はガスクロマトグラフ法に適用し，20L程度の場合はヘキシルレゾルシノール吸光光度法の場合に適用する。

ガスクロマトグラフ法は，検出器に水素炎イオン化検出器を用いる（5.1.2装置及び

器具）。よって，**5** の記述内容は正しい。

ヘキシルレゾルシノール吸光光度法の概要は，排ガス中のアクロレインを吸収液に吸収させたのち，加熱して発色させ，この液の吸光度（605 nm）を測定する。吸収瓶法の吸収液には，トリクロロ酢酸，塩化水銀（Ⅱ）および4-ヘキシルレゾルシノール混合溶液を用い，液量を 50 mL とする（3. 分析方法の種類及び概要）。よって，**4** の記述内容は正しい。

ヘキシルレゾルシノール吸光光度法の適用条件として，試料ガス中にオゾンまたはジエン類が 10 vol ppm 程度共存すると正の影響を受けるので，その影響を無視または除去できるときに適用する（5.2.1 適用条件）。よって，**3** の記述内容は誤りである。

〔正 解〕 **3**

---- 〔問〕 **17** -----

ある溶質の質量分率が 1.0 ppm である溶液を確実に調製できる手順として，正しいものを一つ選べ。ただし，各選択肢における「原液」はある溶質を含む希釈前の溶液を指し，「溶媒」はある溶質を含まない液体を指すものとする。また，原液，溶媒及び希釈後の溶液の密度はそれぞれ未知とする。

1 1.0 kg/m³ の原液を 1.0 mL 採取し，溶媒を用いて全量 1.0 kg に希釈した。

2 10 g/m³ の原液を 10 cm³ 採取し，溶媒を用いて全量 0.10 L に希釈した。

3 1.0 g/L の原液を 1.0 g 採取し，溶媒を用いて全量 0.10 kg に希釈した。

4 質量分率 1.0 % の原液を 1.0 g 採取し，溶媒を用いて全量 1.0 kg に希釈した。

5 質量分率 100 ppm の原液を 1.0 L 採取し，溶媒を用いて全量 0.10 m³ に希釈した。

〔題 意〕 質量分率 ppm で表される濃度について基礎知識を問う。

〔解 説〕 質量分率 1 ppm の濃度とは，溶質の質量に対する溶液の質量比が 100 万分の 1 になる関係をいう。

1：1.0 kg/m³ の原液を 1.0 mL 採取した場合，溶質は 1 mg 含まれる。溶媒を用いて全量 1.0 kg にすると，溶液の質量が 1.0 kg となる。よって，溶質の濃度は，1 ppm と

なる（**1** の調製方法は正しい）。

2：10 g/m³ の原液を 10 cm³ 採取した場合，溶質は 0.1 mg 含まれる。溶媒を用いて全量 0.1 L にすると，溶液の濃度は 1.0 mg/L となる。すべての溶液の密度が未知のため質量濃度に換算できない（**2** の調製方法は誤り）。

3：1.0 g/L の原液を 1.0 g 採取した場合，溶媒を用いて全量 1.0 kg にしているが，すべての溶液の密度が未知のため溶質の質量が不明であり，濃度を求めることができない（**3** の調製方法は誤り）。

4：質量分率 1.0 ％ の原液を 1.0 g 採取した場合，溶質は 0.01 g（10 mg）含まれる。溶媒を用いて全量 1.0 kg にすると，溶液の濃度は 10 ppm となる（**4** の調製方法は誤り）。

5：質量分率 100 ppm の原液を 1.0 L 採取した場合，原液の密度が不明のため溶質の質量を求めることができない。また溶媒の密度も不明のため溶媒の質量を求めることができない（**5** の調製方法は誤り）。

〔正　解〕　**1**

------- 問 **18** -------------------------------------

H 形の陽イオン交換樹脂 0.50 g（乾燥質量）をカラムに詰めた。そこに NaCl 水溶液を十分に流して H^+ をすべて溶出させた。この溶出液の全量を 0.20 mol/L の NaOH 水溶液で滴定したところ，中和するのに 10 mL を要した。このとき，単位質量あたりの樹脂が保持していた H^+ の物質量として最も近いものを次の中から一つ選べ。

  1　0.25 mmol/g

  2　0.50 mmol/g

  3　1.0 mmol/g

  4　2.0 mmol/g

  5　4.0 mmol/g

〔題　意〕　中和滴定に関する基礎的な計算問題である。

〔解　説〕　H 形陽イオン交換樹脂から溶出した水素イオンと水酸化ナトリウム水溶

液で中和滴定される水酸化物イオンのモル比は 1 対 1 である。上記樹脂 1 g が保持している水素イオンのモル数を x〔mmol/g〕とすると，次式が成立する。

$$x〔\text{mmol/g}〕\times 0.50〔\text{g}〕= 0.20 \times 10^3〔\text{mmol/L}〕\times \frac{10}{1\,000}〔\text{L}〕$$

これを解くと

$$x = 4.0〔\text{mmol/g}〕$$

となる。

よって，**5** の数値が最も近い値である。

（**正解**）　**5**

------ 問 **19** ------

「JIS K 0126 流れ分析通則」に規定されているフローインジェクション分析に関する次の記述の中から，誤っているものを一つ選べ。

1　試料導入部を構成する導入器には，一定の容積をもつループを備えた六方バルブなどが用いられる。

2　試料導入部は，必ず検出部の上流に配置される。

3　試料は，必ずキャリヤーの流れの中に導入される。

4　試料の導入に，自動試料導入装置（オートサンプラー）を用いる場合がある。

5　導入した試料に含まれる分析対象成分は，細管内での分散・混合によって試薬と反応する。

（**題意**）　JIS K 0126「流れ分析通則」のフローインジェクション分析に規定されている内容について問う。

（**解説**）　フローインジェクション分析は，一定流量で細管内を流れている試薬に試料を導入し，細管内での分散・混合によって分析対象成分と試薬とを反応させ，下流に設けた検出器で反応生成物を検出して定量する方法である。なお，試料の流れに試薬を導入する場合もある（4.1 概要）。よって，**2** の記述内容は正しい。

試料導入部は，試料を装置に導入するための部分で，導入器および細管から構成さ

れる。導入器には，一定の容積をもつループを備えた六方バルブなどを用いる（4.2.2 装置構成器具）。よって，**1** の記述内容は正しい。

試料・試薬の導入は，a）試薬の流れの中に試料を導入する方法，b）試料の流れの中に試薬を導入する方法，c）ダブルインジェクション法，d）マージングゾーン法，e）サンドイッチインジェクション法のいずれかの方法を用いて行う（4.5.2 試料・試薬の導入）。よって，試料の導入は一つの方法に限定されないので，**3** の記述内容は誤りである。

必要に応じて付加できる附属装置には，自動試料導入装置（オートサンプラー）がある（4.2.2 装置構成器具 g）附属装置）。よって，**4** の記述内容は正しい。

反応部は，細管と分割器，混合器，希釈器などとの組合せによって試料の分割，混合，希釈，分解，濃縮，分離，抽出，気液分離，化学反応などを行う（4.2.2 装置構成器具 d）反応部）。よって，**5** の記述内容は正しい。

〔正 解〕 **3**

〔問〕20

「JIS K 0094 工業用水・工場排水の試料採取方法」に規定されている試料の保存処理に関する次の記述の中から，誤っているものを一つ選べ。

  1 アンモニウムイオンの試験に用いる試料は，塩酸又は硫酸を加え，pH を 2～3 に調節し，0℃～10℃の暗所に保存する。

  2 よう化物イオンの試験に用いる試料は，水酸化ナトリウム溶液（200 g/L）を加えて pH を約 10 にして保存する。

  3 シアン化合物の試験に用いる試料は，水酸化ナトリウム溶液（200 g/L）を加えて pH を約 12 にして保存する。

  4 全りんの試験に用いる試料は，硫酸又は硝酸を加えて pH を約 2 にして保存する。

  5 溶存状態の金属元素の試験に用いる試料は，硝酸を加えて pH を約 1 にした後，ろ紙 5 種 C でろ過し，ろ液を 0℃～10℃の暗所に保存する。

〔題 意〕 JIS K 0094「工業用水・工場排水の試料採取方法」の試料の保存処理に規

表　保存処理の内容

試験項目	保存処理の内容
100 ℃における過マンガン酸カリウムによる酸素消費量（COD$_{Mn}$），二クロム酸カリウムによる酸素消費量（COD$_{Cr}$），アルカリ性過マンガン酸カリウムによる酸素消費量（COD$_{OH}$），生物化学的酸素消費量（BOD），有機体炭素（TOC），全酸素消費量（TOD）および界面活性剤	0 ～ 10 ℃の暗所に保存する。
アンモニウムイオン，硝酸イオン[1]，有機体窒素および全窒素	塩酸または硫酸を加え，pH を 2 ～ 3 に調節し，0 ～ 10 ℃の暗所に保存する。短い日数であれば，保存処理を行わずそのままの状態で 0 ～ 10 ℃の暗所に保存してもよい。
亜硝酸イオン[1]	試料 1 L 当たりクロロホルム 1 mL の割合で加えて 0 ～ 10 ℃の暗所に保存する。短い日数であれば，保存処理を行わずそのままの状態で 0 ～ 10 ℃の暗所に保存してもよい。
よう化物イオン，臭化物イオン[1]	水酸化ナトリウム溶液（200 g/L）を加えて pH を約 10 にして保存する（試料 1 L 当たり水酸化ナトリウム 2 ～ 4 粒を加えてもよい。）。
シアン化合物および硫化物イオン	水酸化ナトリウム溶液（200 g/L）を加えて pH を約 12 にして保存する（試料 1 L 当り水酸化ナトリウム 4 ～ 6 粒を加えてもよい。）。シアン化合物の試験に用いる試料で，残留塩素など酸化性物質が共存する場合は，L（＋）－アスコルビン酸を加えて還元した後，pH を約 12 とする。また，硫化物イオンの場合には，試料を溶存酸素測定瓶に採取し，塩基性炭酸亜鉛の懸濁液を試料 100 mL につき約 2 mL を加え，硫化亜鉛として固定し保存してもよい。
フェノール類	りん酸を加えて pH を約 4 にし，試料 1 L につき硫酸銅（Ⅱ）五水和物 1 g を加えて振り混ぜ，0 ～ 10 ℃の暗所に保存する。
ヘキサン抽出物質，四塩化炭素抽出物質，炭化水素および動植物油脂類	塩酸を加えて pH を 4 以下にして保存する。
農薬［パラチオン，メチルパラチオン，EPN，ペンタクロロフェノールおよびエジフェンホス（EDDP）］	塩酸を加えて弱酸性とする。
りん化合物	中性の状態で試料 1 L につきクロロホルム約 5 mL を加えて 0 ～ 10 ℃の暗所に保存する。なお，1 ～ 2 日間であれば，クロロホルムを加えずに，中性の状態で 0 ～ 10 ℃の暗所に保存してもよい。

試験項目	保存処理の内容
全りん	硫酸または硝酸を加えて pH を約 2 にして保存する。
溶存りん化合物	JIS P 3801 に規定するろ紙 5 種 C[(2)] でろ過し，初めのろ液約 50 mL を捨て，その後のろ液を試料とし，これに試料 1 L につきクロロホルム約 5 mL を加えて 0 〜 10 ℃の暗所に保存する。なお，1 〜 2 日間であれば，クロロホルムを加えずに，中性の状態で 0 〜 10 ℃の暗所に保存してもよい。
銅，亜鉛，鉛，カドミウム，マンガン，鉄，アルミニウム，ニッケル，コバルト，ひ素，すず，クロム，水銀，バナジウム，アンチモン，ビスマス，セレン，モリブデン，タングステンなどの金属元素	硝酸を加えて pH を約 1 にして保存する。
ひ素およびアンチモン	有機物および多量の硝酸塩，亜硝酸塩を含まず，試験に際して硫酸と硝酸または硝酸と過マンガン酸カリウムによる処理を行わない場合には，塩酸（ひ素分析用）を加えて pH を約 1 にして保存する。
クロム（Ⅵ）	そのままの状態で 0 〜 10 ℃の暗所に保存する。
溶存状態の金属元素	JIS P 3801 に規定するろ紙 5 種 C[(2)] でろ過し，初めのろ液約 50 mL を捨て，その後のろ液を試料とし，これに硝酸を加えて pH を約 1 にして保存する。

注（1）　イオンクロマトグラフ法を適用する場合には，保存処理を行わず，試料採取後直ちに試験に供する。

注（2）　JIS P 3801 に規定するろ紙 6 種または孔径 1 μm 以下のろ過材（ガラス繊維ろ紙など）を用いてもよい。

定されている内容を問う。

〔解 説〕　JIS K 0094「工業用水・工場排水の試料採取方法」に規定されている保存処理の内容を**表**に示した。

　よって，**5** の記載内容は，硝酸を加えて pH を約 1 にした後，ろ紙 5 種 C でろ過しているので，操作手順が誤っているから，これが該当する。

〔正 解〕　**5**

---- **問 21** --

「JIS K 0127 イオンクロマトグラフィー通則」に規定されている，サプレッサーに関する次の記述の（ア）〜（ウ）に入る語句の組合せとして，正しいものを一つ選べ。

サプレッサーは ⬚(ア) 交換部位（膜又は樹脂）を介した ⬚(ア) 交換によって ⬚(イ) の電気伝導度を低下し，測定イオンの対イオンをより電気伝導度の ⬚(ウ) イオンに交換することで SN（シグナルノイズ）比を改善し，測定感度を高める。

	（ア）	（イ）	（ウ）
1	イオン	固定相	低い
2	イオン	溶離液	高い
3	溶媒	カラム	低い
4	イオン	溶離液	低い
5	溶媒	カラム	高い

題意 JIS K 0127「イオンクロマトグラフィー通則」のサプレッサーに規定されている内容について問う。

解説 溶出液の前処理を行う部分には，被検イオン種成分に対する検出器の感度または選択性を高めるために，サプレッサーなどを検出器の前に設ける。電気伝導度検出器を用いる場合に，サプレッサーは，(ア) イオン交換部位（膜または樹脂）を介した (ア) イオン交換によって (イ) 溶離液の電気伝導度を低下し，測定イオンの対イオンをより電気伝導度の (ウ) 高いイオンに交換することで SN（シグナルノイズ）比を改善

表1 サプレッサーの構造およびサプレッション原理

種　類	構造と原理
膜　形	2枚のイオン交換膜間に分離カラムからの溶出液を通過させ，サプレッションを行う。膜の外側に再生液を供給することで，測定しながら再生ができる。イオン交換膜は，電気的または化学的に再生される。
カラム形	イオン交換樹脂を充填したサプレッサーカラムに分離カラムからの溶出液を通過させ，サプレッションを行う。定期的にサプレッサーカラムの再生が必要となる。複数のサプレッサーカラムを再生しながら交互に使用すれば，連続的な効果が得られる。サプレッサーカラムを再生する場合は電気的または化学的に行う。
ゲル形	少量のイオン交換樹脂（ゲル）を流路内に充填し，分離カラムからの溶出液を通過させ，サプレッションを行う。イオン交換樹脂は一定頻度で交換し，再生は行わない。
ファイバー形	イオン交換ファイバーの内側に分離カラムからの溶出液を通過させ，サプレッションを行う。ファイバーの外側に再生液を供給することで，測定しながら再生ができる。イオン交換ファイバーは化学的に再生される。

し，測定感度を高める。陰イオン分析には陽イオン交換膜または樹脂を用い，溶離液
および測定イオンの陽イオン部分を H^+ に交換する。一方，陽イオン分析には陰イオ
ン交換膜または樹脂を用い，溶離液および測定イオンの陰イオン部分を OH^- に交換
する。イオン交換部位の形状によって，表1に示す膜形，カラム形，ゲル形，ファイ
バー形またはこれらを組み合わせて用いたものがある。サプレッサーのイオン交換部
位を連続使用する場合は再生が必要であり，その再生方法として，酸性水溶液（陰イ
オン測定時）またはアルカリ性水溶液（陽イオン測定時）を用いる化学的再生方式およ
び水または検出器からの排出液を電気分解して H^+ または OH^- を供給する電気的再生
方式がある（5.6 検出部）。

　よって，**2** の組合せが該当する。

［正 解］ 2

---- **［問］22** --

　環境基本法に基づく「水質汚濁に係る環境基準」において，「人の健康の保護
に関する環境基準」に定められた項目とその基準値の組合せとして，誤ってい
るものを一つ選べ。

	項目	基準値
1	カドミウム	0.003 mg/L 以下
2	全シアン	検出されないこと
3	鉛	0.01 mg/L 以下
4	砒素	0.001 mg/L 以下
5	総水銀	0.000 5 mg/L 以下

［題 意］ 「人の健康の保護に関する環境基準」に定められた項目とその基準値につ
いて問う。

［解 説］ 環境基準とは，人の健康の保護および生活環境の保全のうえで維持され
ることが望ましい基準として，終局的に，大気，水，土壌，騒音をどの程度に保つこ
とを目標に施策を実施していくのかという目標を定めたものである。

　環境基準は，「維持されることが望ましい基準」であり，行政上の政策目標である。
これは，人の健康等を維持するための最低限度としてではなく，より積極的に維持さ

れることが望ましい目標として，その確保を図っていこうとするものである。また，汚染が現在進行していない地域については，少なくとも現状より悪化することとならないように環境基準を設定し，これを維持していくことが望ましいものである。また，環境基準は，現に得られる限りの科学的知見を基礎として定められているものであり，常に新しい科学的知見の収集に努め，適切な科学的判断が加えられていかなければならないものである。

　環境基本法第16条による公共用水域の水質汚濁に係る環境上の条件につき，人の健康を保護しおよび生活環境（同法第2条第3項で規定するものをいう。以下同じ）を保全するうえで維持することが望ましい基準（以下「環境基準」という。）は，公共用水域の水質汚濁に係る環境基準として，人の健康の保護および生活環境の保全に関する環境基準からなる。人の健康の保護に関する環境基準は，全公共用水域につき，別表1の項目の欄に掲げる項目ごとに，同表の基準値の欄に掲げるとおりとする。生活環境の保全に関する環境基準は，各公共用水域につき，別表2の水域類型の欄に掲げる水域類型（所定の指定方法による）のうち当該公共用水域が該当する水域類型ごとに，同表の基準値の欄に掲げるとおりとする（別表2は省略）。

別表1　人の健康の保護に関する環境基準

項　目	基準値	測定方法
カドミウム	0.003 mg / L 以下	JIS K 0102（以下「規格」という）55.2，55.3 または 55.4 に定める方法
全シアン	検出されないこと	規格 38.1.2（規格 38 の備考 11 を除く。以下同じ）および 38.2 に定める方法，規格 38.1.2 および 38.3 に定める方法，規格 38.1.2 および 38.5 に定める方法または付表 1 に掲げる方法
鉛	0.01 mg / L 以下	規格 54 に定める方法
六価クロム	0.02 mg / L 以下	規格 65.2（規格 65.2.2 および 65.2.7 を除く）に定める方法（ただし，つぎの 1 から 3 までに掲げる場合にあっては，それぞれ 1 から 3 までに定めるところによる） 1　規格 65.2.1 に定める方法による場合，原則として光路長 50 mm の吸収セルを用いること。 2　規格 65.2.3，65.2.4 または 65.2.5 に定める方法による場合（規格 65. の備考 11 の b）による場合に限る），試料に，その濃度が基準値相当分（0.02 mg / L）増加するように六価クロム標準液を添加して添加回収率を求め，その値が 70 ～ 120% であることを確認すること。 3　規格 65.2.6 に定める方法により汽水または海水を測定する場合，2 に定めるところによるほか，JIS K 0170-7 の 7 の a）または b）に定める操作を行うこと。

項　目	基準値	測定方法
砒素	0.01 mg/L 以下	規格 61.2, 61.3 または 61.4 に定める方法
総水銀	0.000 5 mg/L 以下	付表 2 に掲げる方法
アルキル水銀	検出されないこと	付表 3 に掲げる方法
PCB	検出されないこと	付表 4 に掲げる方法
ジクロロメタン	0.02 mg/L 以下	JIS K 0125 の 5.1, 5.2 または 5.3.2 に定める方法
四塩化炭素	0.002 mg/L 以下	JIS K 0125 の 5.1, 5.2, 5.3.1, 5.4.1 または 5.5 に定める方法
1,2-ジクロロエタン	0.004 mg/L 以下	JIS K 0125 の 5.1, 5.2, 5.3.1 または 5.3.2 に定める方法
1,1-ジクロロエチレン	0.1 mg/L 以下	JIS K 0125 の 5.1, 5.2 または 5.3.2 に定める方法
シス-1,2-ジクロロエチレン	0.04 mg/L 以下	JIS K 0125 の 5.1, 5.2 または 5.3.2 に定める方法
1,1,1-トリクロロエタン	1 mg/L 以下	JIS K 0125 の 5.1, 5.2, 5.3.1, 5.4.1 または 5.5 に定める方法
1,1,2-トリクロロエタン	0.006 mg/L 以下	JIS K 0125 の 5.1, 5.2, 5.3.1, 5.4.1 または 5.5 に定める方法
トリクロロエチレン	0.01 mg/L 以下	JIS K 0125 の 5.1, 5.2, 5.3.1, 5.4.1 または 5.5 に定める方法
テトラクロロエチレン	0.01 mg/L 以下	JIS K 0125 の 5.1, 5.2, 5.3.1, 5.4.1 または 5.5 に定める方法
1,3-ジクロロプロペン	0.002 mg/L 以下	JIS K 0125 の 5.1, 5.2 または 5.3.1 に定める方法
チウラム	0.006 mg/L 以下	付表 5 に掲げる方法
シマジン	0.003 mg/L 以下	付表 6 の第 1 または第 2 に掲げる方法
チオベンカルブ	0.02 mg/L 以下	付表 6 の第 1 または第 2 に掲げる方法
ベンゼン	0.01 mg/L 以下	JIS K 0125 の 5.1, 5.2 または 5.3.2 に定める方法
セレン	0.01 mg/L 以下	規格 67.2, 67.3 または 67.4 に定める方法
硝酸性窒素および亜硝酸性窒素	10 mg/L 以下	硝酸性窒素にあっては規格 43.2.1, 43.2.3, 43.2.5 または 43.2.6 に定める方法, 亜硝酸性窒素にあっては規格 43.1 に定める方法

項　目	基準値	測定方法
ふっ素	0.8 mg／L 以下	規格 34.1（規格 34 の備考 1 を除く。）もしくは 34.4（妨害となる物質としてハロゲン化合物またはハロゲン化水素が多量に含まれる試料を測定する場合にあっては，蒸留試薬溶液として，水約 200 mL に硫酸 10 mL，りん酸 60 mL および塩化ナトリウム 10 g を溶かした溶液とグリセリン 250 mL を混合し，水を加えて 1 000 mL としたものを用い，JIS K 0170-6 の 6 図 2 注記のアルミニウム溶液のラインを追加する。）に定める方法または規格 34.1.1c）（注（2）第 3 文および規格 34 の備考 1 を除く。）に定める方法（懸濁物質およびイオンクロマトグラフ法で妨害となる物質が共存しないことを確認した場合にあっては，これを省略することができる。）および付表 7 に掲げる方法
ほう素	1 mg／L 以下	規格 47.1，47.3 または 47.4 に定める方法
1,4-ジオキサン	0.05 mg／L 以下	付表 8 に掲げる方法

備考
1　基準値は年間平均値とする。ただし，全シアンに係る基準値については，最高値とする。
2　「検出されないこと」とは，測定方法の項に掲げる方法により測定した場合において，その結果が当該方法の定量限界を下回ることをいう。別表 2 において同じ。
3　海域については，ふっ素およびほう素の基準値は適用しない。
4　硝酸性窒素および亜硝酸性窒素の濃度は，規格 43.2.1，43.2.3，43.2.5 または 43.2.6 により測定された硝酸イオンの濃度に換算係数 0.225 9 を乗じたものと規格 43.1 により測定された亜硝酸イオンの濃度に換算係数 0.304 5 を乗じたものの和とする。

　よって，別表 1 からわかるように，**4** の砒素の基準値が異なるので，これが該当する。

〔正解〕　**4**

------- 問 23 ---

　「JIS K 0123 ガスクロマトグラフィー質量分析通則」に規定されているガスクロマトグラフィー質量分析法（GC／MS）に関する次の記述の（ア）～（ウ）に入る語句の組合せとして，正しいものを一つ選べ。

　気体又は液体の混合物試料をガスクロマトグラフ質量分析計（GC-MS）に導入すると，分析種はガスクロマトグラフで分離され，連続的に質量分析計のイオン源に導かれて （ア） される。生じた正又は負のイオンは，　（イ）　に入り，（ウ） に応じて分離される。分離されたイオンは，順次，検出部でその量に対応する電気信号に変換され，各種クロマトグラム及び質量スペクトルとして記

録される。

	（ア）	（イ）	（ウ）
1	イオン化	質量分離部	分子量
2	誘導体化	試料導入部	質量電荷数比
3	イオン化	電気伝導度測定部	分子量
4	誘導体化	試料導入部	イオン半径
5	イオン化	質量分離部	質量電荷数比

題 意　JIS K 0123「ガスクロマトグラフィー質量分析通則」のGC/MS法に規定されている内容について問う。

解 説　ガスクロマトグラフィー質量分析法（GC/MS法）は，混合物試料の分離分析に優れているガスクロマトグラフ（GC）と，試料成分の構造解析およびごく微量分析に優れている質量分析計（MS）とを直結した装置であるガスクロマトグラフ質量分析計（GC/MS装置）を用いて，それぞれの特徴を生かして試料に関する物質情報を高感度に得るための分析方法である。

　気体または液体の混合物試料をGC/MS装置に導入すると，分析種はガスクロマトグラフで分離され，連続的に質量分析計のイオン源に導かれて (ア) <u>イオン化</u>される。生じた正または負のイオンは， (イ) <u>アナライザー（質量分離部）</u>に入り， (ウ) m/z に応じて分離される。分離されたイオンは，順次，検出部でその量に対応する電気信号に変換され，各種クロマトグラムおよび質量スペクトルとして記録される。分析種ピークの保持時間（ここでは空間補正保持時間）および質量スペクトルから定性分析を行い，ピーク面積（またはピーク高さ）から定量分析を行う（4 概要）。ここで，m/z（mass-to-charge number ratio）とは，イオンの質量 m とその電荷数 z との比をいう。質量スペクトルの横軸に用いられる。質量電荷数比ともいう（3 用語及び定義）。

　よって，**5** の組合せが該当する。

正 解　5

------ **問** 24 ------

「JIS K 0450-30-10 工業用水・工場排水中のフタル酸エステル類試験方法」に